Elli H. Radinger (Hrsg.)

DER WINTERWOLF

Elli H. Radinger (Hrsg.)

DER WINTERWOLF

Weihnachtsanthologie

Bibliografische Information der Deutschen Nationalbibliothek
Die Deutsche Nationalbibliothek verzeichnet diese Publikation in
der Deutschen Nationalbibliografie; detaillierte bibliografische Daten
sind im Internet über http://dnb.d-nb.de abrufbar

Coverfotos: Gunther Kopp; www.koppfoto.de
Umschlaggestaltung: Manu Wirtz www.manuwirtz.de
Satz/Layout: Tanja Stoll, Butzbach
Lektorat: Andrea Weil: www.weil-texte.de

ISBN: 9783738626896

Herstellung und Verlag: BoD - Books on Demand, Norderstedt

Inhalt

Vorwort

Es ist Tage her, seit ich eine menschliche Stimme gehört habe. Kein Klang erreicht mein Trommelfell, kein Wind, kein Vogel, kein Jet – nur Stille. Selbst in einem einsamen Nationalpark wie Yellowstone erlebe ich eine derart intensive Stille nur sehr selten und wenn, dann nur im Winter.

An einem Tag im Dezember fahre ich mit dem Allrad zum Footbridge Parkplatz im Lamar Valley, schnalle mir die Schneeschuhe an und laufe vier Meilen den Lamar River Trail entlang, bis ich einen meiner Lieblingsaussichtsplätze erreiche. Ich steige den Hügel hinauf, setze mich auf einen Felsen und blicke über das Tal zu den Klippen des Barronette Peak und einem gefrorenen Wasserfall, der auf das Frühjahr wartet, wenn er endlich befreit ins Tal stürzen kann. Ich lausche auf den Klang des Winters. Stille! Nur Stille.

Dann dringt ein Geräusch an meine Ohren. Gedämpfte Schläge in regelmäßigen Abständen. Als ob Wattebäuschen auf einen Dielenboden plumpsen. Und doch, wenn ich angestrengt hinhöre, ist es plötzlich weg. Meine Augen versuchen den Ursprung der Laute zu erkennen. Es sind Schneeflocken – große, weiße, flauschige Schneeflocken, so groß wie Streuseln auf einem Kuchen. Bemerkenswert, welches Geräusch Schneeflocken machen können, jede ihrer Art ein anderes: Graupel – gefrorene Bälle aus Wassertropfen – klingt scharf, hart und voneinander abgesetzt. Flache Platten klingen dumpf, wie ein Kissen, das herunterfällt. Kreative, sechseckige Kristalle klirren in den Ohren.

Der Winter in der Wildnis ist oft von einer so immensen Stille, dass sie den Lauscher, der nach einem Klang sucht, taub machen kann. Winter hat einen speziellen Ton von ganz besonderer Bedeutung. Reine Winterklänge können nur auftreten unter dem perfekten Zusammenspiel von Kälte, Schnee und Eis.

Ich ziehe mein Fernglas aus dem Rucksack und scanne die Landschaft. In der Ferne sehe ich Hunderte Wapitihirsche das Flussufer entlang laufen. Ich denke daran, wie viel Energie diese Hirsche und andere Tiere brauchen, nur um den Winter zu überleben. Ich stehe auf, um einen besseren Überblick zu haben. Meine Füße – jetzt ohne Schneeschuhe – brechen durch die Eiskruste und ich sinke bis zu den Knien ein. Ich habe die Stille gestört.

Dann sehe ich sie.

Zwei Wölfe stehen eng nebeneinander, in eine Richtung gewandt. Das dunkle Fell des größeren glitzert unter einer zarten Schneedecke. Er hat den Kopf auf den Rücken der kleineren Wölfin gelegt, deren Fell tief schwarz schimmert. Als weitere Wölfe hinzukommen, lösen sich die beiden aus ihrer Erstarrung, fangen an zu spielen und herumzutollen. Dabei entfernen sie sich von mir und verschwinden hinter einem Hügel. Etwas abseits entdecke ich einen grauen Wolf. Er beteiligt sich nicht an den Spielen, sondern schaut nur, wohin die anderen verschwunden sind.

Dann hebt er seine Schnauze in die Luft, legt die Ohren an und öffnet leicht den Mund. Es dauert einige Zeit, bis ich das Heulen höre. Es ist tief, lang, voll und – einsam. Harmonie trotz der Distanz von Klang und Zeit. Den Wolf heulen zu sehen und das Geräusch erst mehrere Sekunden später zu hören, erinnert mich an einen Satz des Ökologen und Autors Aldo Leopold: »Nur der Berg hat lang genug gelebt, um das Heulen der Wölfe sachlich deuten zu können.«

Die Magie der Wölfe und des Winters. Viele haben sie erlebt, wenn nicht in der Realität, dann in der Fantasie. Unsere Autorinnen und Autoren haben ihrer Fantasie in dieser Anthologie freien Lauf gelassen und wunderschöne Geschichten erschaffen. Lassen Sie sich von ihnen verzaubern.

Für Wölfe
Elli H. Radinger
Herausgeberin

Das Sonnenwendgeschenk

Andrea Weil

Die Rentiere hatten die Wölfe gewittert. Sie drängten sich zusammen und schnaubten. Ihr Atem hing über ihren Geweihen wie Nebel, gefror rund um die Nüstern zu einer feinen Reifschicht und malte ihnen weiße Bärte.

Das Rudel zog den Kreis enger. Zwei Jungwölfe winselten, die Rückenhaare gesträubt, tief geduckt, dass ihre Bäuche fast auf dem Boden schleiften. Der dichte Winterpelz schlackerte an ihren knochigen Körpern. Als eines der Rentiere aufstampfte und das Geweih senkte, sprangen sie zur Seite, obwohl sie noch mehrere Schritte von der Gefahr entfernt waren.

Die älteren Wölfe hielten die Formation und ließen ihre Beute nicht aus den Augen. Sie suchten nach jedem noch so kleinen Zeichen von Schwäche. Doch im Gegensatz zu den Raubtieren waren die neun Rentiere gut genährt. Ihre Muskeln spannten sich unter dem braungrauen Fell, als sie sich in die Brust warfen und mit den gespaltenen Hufen Furchen in den gefrorenen Tundraboden gruben. Sie standen im Kreis, Hintern an Hintern, ein Wall aus Geweihschaufeln.

Freki richtete sich auf, schüttelte sich und trottete den Hügel hinunter.

»Endlich!«, hörte er seinen Bruder schnaufen. Geri schoss an ihm vorbei.

Von einem Moment zum anderen explodierte die Herde. Ein Rudel klappriger Gestalten hatte sie wenig beeindrucken können, doch zwei Wölfe, die groß genug waren, um ihnen in die Augen sehen zu können, das war selbst für diese Rentiere zu viel. Sie spritzten in alle Richtungen auseinander, rannten blindlings ein Weibchen nieder, das nicht rechtzeitig hatte ausweichen können.

Freki knurrte und sprang los. Geris Ungeduld würde noch alles verderben! Er hatte sich nicht einmal die Zeit genommen, auszutesten, welches der neun als Erstes die Nerven verlieren und vielleicht allein lospreschen würde.

Eines der Rentiere rannte fast genau auf Freki zu, die Augen nach hinten gerollt, dorthin, wo sein Bruder wild um sich schnappte. Freki duckte sich und spannte die Muskeln an, bereit, den Hirsch von unten am Hals zu packen. Doch der bemerkte seinen Irrtum im letzten Augenblick, warf sich herum und trat nach hinten aus. Ein Schmerz durchzuckte Frekis Schulter, er geriet kurz ins Straucheln, war seinem Opfer aber gleich wieder dicht auf den Hufen.

Das Rentier machte einen Satz, nicht nach vorn, sondern nach oben, katapultierte sich in den sternenübersäten Himmel hinein. Mit jedem Sprung gewann es an Höhe, als liefe es eine unsichtbare Brücke hinauf.

Nun, so sollte es denn sein. Ihre kleinen Schwestern und Brüder waren ohnehin keine Hilfe im Kampf gegen diese Beute.

Freki setzte ihm nach. Der Wind schnitt ihm in die Pfotenballen, ein eisiger Freund, der ihn federleicht emportrug. Als das Rentier seinen Atem hörte, verlor es den Tritt, strauchelte turmhoch über dem Boden. Freki nutzte den Überraschungsmoment und sprang seinem Opfer auf den Rücken, schlug die Zähne in den Nacken und riss es von den Beinen. Plötzlich war Geri da, der offenbar seinen gesunden Jagdinstinkt wiedergefunden hatte. Er fuhr dem Hirsch an die Kehle. In einem Knäuel aus Zähnen und Geweihschaufeln, Krallen und Hufen stürzten die drei Tiere wie ein Komet der Erde zu.

Der Aufprall war so heftig, dass er Frekis Knochen klappern ließ. Doch er lockerte seinen Griff nicht, bis das Todeszittern durch den Körper lief. Das Blut verwandelte den Boden rund um den Kadaver in eine rotbraune Schlammsuhle.

Freki öffnete den schmerzenden Kiefer, warf den Kopf zurück und stieß ein Siegesheulen aus. Geri stimmte ein und ihr Ruf verfolgte die kleiner gewordene Herde auf der Flucht über den Himmel. Die Rentiere warfen keinen Blick zurück, sondern jagten in langen Sätzen ihrem Anführer hinterher. Das rote Schimmern seiner Nase verlor sich zwischen den Sternenbildern.

Das Rudel kam über die lang gezogene Hügelkuppe gestürmt, hechelnd trotz der Kälte.

»Eigentlich ist es unsere Beute«, knurrte Geri und sträubte den Nackenpelz. »Was haben sie schon getan?«

Freki stellte die Rute auf und schnappte nach seinem Bruder. Als müsse er seinem Namen »der Gierige« alle Ehre machen! Jedes Jahr dasselbe! »Es ist ein Geschenk, das weißt du genau. Wären sie stark genug zum Jagen, hätten wir nicht herabsteigen müssen.«

Der Winter hatte das Rudel hart getroffen – kalt, aber ohne Schnee, der die Beute langsam machte. Kurz hintereinander waren Vater und Mutter gestorben, die neuen Leittiere hatten, unerfahren, die Familie zu weit nach Norden geführt auf der Suche nach einer Nahrung, mit der sie eindeutig überfordert waren. Geri und Freki pflegten seit Jahrhunderten die Tradition, ihren sterblichen Geschwistern, die es am nötigsten hatten, ein Sonnenwendgeschenk zu machen.

Die Wölfe sprangen heran, schleckten ihren beiden großen Verwandten die Lefzen, fiepend wie Welpen. Selbst Geri konnte nicht anders als zu wedeln und die Zärtlichkeit zu erwidern. Ohne weitere Formalitäten machte sich die Familie über den Kadaver her. Erst fraßen sie einträchtig nebeneinander, schlangen große Stücke saftigen Filets hinunter. Doch als der erste Heißhunger gestillt war, ging die Mahlzeit in ein Knurren und Balgen über, aus purem Übermut: Endlich wieder genug Fleisch für alle!

»Was ist das für eine Teufelei?«

Die Wölfe waren schon halb den Hügel hinauf, bevor der Ruf verklungen war. Die Kufen des Schlittens setzten mit einem Poltern auf. Die Rentiere warfen die Köpfe, als ihnen der Aasgeruch in die Nüstern stieg, und stemmten sich gegen ihr Zaumzeug. »Ho!« Die Peitsche knallte einmal über ihre Köpfe hinweg.

Geri sprang zur Seite, setzte sich knapp außerhalb der Reichweite der Hufe wieder hin und gähnte. Freki umrundete den Schlitten und starrte den Kutscher an. Er hatte ihn noch nie gesehen, aber er kam ihm verstörend vertraut vor. Der Mann hatte einen langen, weißen Bart, der ihm bis auf den rundlichen Bauch hinunterreichte, trug Mantel und Mütze in einer grellen Farbe, die auf den Wolf gelb wirkte. Ihn umgab ein Duft nach Schneeluft, Gebäck … und Magie.

»Geri, lass die Zähne von Rudolfs Flanke, ich seh dich genau!«, brummte der Mann und sprang vom Bock herunter. Freki legte die Ohren an und streckte zögernd die Nase vor. Doch der Bärtige ignorierte ihn und ging zu dem Kadaver hinüber.

»Ach, Vixon, mein armer Schatz!«

Freki musste sich anstrengen, um die tiefe Stimme zu verstehen, die plötzlich ganz leise geworden war. Der Mann zog seine Mütze vom Kopf und behielt sie in der Hand, während er mit der anderen das tote Rentier zwischen den Hörnern kraulte. Freki tapste näher und schleckte der gebückten Gestalt über die Wange. Es schmeckte salzig.

»Zurück, du!« Der Gelbmantel schlug mit dem Griff der zusammengerollten Peitsche nach ihm, jedoch so halbherzig, dass es dem Wolf ein Leichtes war, auszuweichen. Freki warf Geri einen raschen Blick zu. Doch sein Bruder, der sich sonst allzu schnell in seiner Ehre gekränkt fühlte, kauerte nur am Boden und wedelte begütigend mit dem Schwanz.

Nach einer Weile schniefte der Mann und zog ein kariertes Stofftaschentuch aus der Tasche. Er schnäuzte sich, setzte die Mütze auf und wandte sich an die beiden Brüder. Freki war kein Experte im Lesen menschlicher Gesichtsausdrücke, aber der Zorn war nicht zu überriechen. Die Stimme klang wie das Poltern einer Steinlawine in seinen empfindlichen Ohren. »Was soll das? Bekommt ihr nicht genug zu fressen an Odins Tafel? Das war nicht irgendein Rentier, das war mein Vixon!«

Der Mann trat einen Schritt vor. Freki duckte sich noch tiefer.

Da sprach eine andere Stimme, nicht weniger brummig, aber es war der schönste Klang, den Freki je gehört hatte. »Nun, Neffe, das sind keine Hunde, die du einfach so ausschimpfen kannst. Das sind Wölfe, Begleiter des Göttervaters.«

Freki rutschte ein Stück rückwärts, patschte in die Blutlache und stürmte auf seinen Herren zu. Er hinterließ rote Pfotenabdrücke auf dem grauen Mantel, als er ihm das Kinn leckte. Als er wieder mit allen Vieren auf dem Boden stand und sich gegen Odins Hüfte lehnte, würgte er ein paar Barthaare aus.

»Hunde, und ob!«, entrüstete sich der Kutscher. »Halt sie an der Leine, Onkel! Sieh dir das Gemetzel an! Ich dachte immer, Wölfe suchen sich kranke und schwache Tiere aus. Das war doch reiner Jagdsport.«

Slepnir schnaubte und stieg leicht, als er den scharfen Ton des Mannes hörte. Geri musste den acht Hufen ausweichen, bevor er näher an seinen Herren heranrückte. Odin tätschelte den grauen Hengst am Hals. Er schob sich den Hut mit der breiten Krempe in den Nacken. Ja, bemerkte Freki, die beiden sahen sich ähnlich, so ähnlich, wie Gegensätze nur sein konnten. Wo der Gelbmantel dick war und Apfelbäckchen hatte, hatten die Jahrtausende Odin jedes überflüssige Gramm Fett vom Körper geschält. Sein zerfurchtes Gesicht sah aus wie aus dem Stamm des Weltenbaums geschnitzt. Über die leere Augenhöhle hatte er ein Stück Leinen gebunden. Sein gesundes Auge schoss Eispfeile an seiner Hakennase vorbei.

»Kris, du bist noch nicht zu alt, dass ich dich nicht übers Knie legen könnte, wenn du keinen Respekt zeigst! Was lässt du deine Rentiere auch unbewacht in der Tundra rumlaufen!«

Der Gelbmantel runzelte die buschigen Augenbrauen. »Sie können fliegen. Kein sterbliches Tier kann ihnen etwas antun. Warum suchen sich deine … Begleiter nicht andere Spielzeuge? Und das drei Tage vor Weihnachten!«

»Ich habe schon Geschenke verteilt, als die Christen nicht mal eine Vorahnung der Nornen waren«, blaffte Odin. »Du bist nur ein weichgespülter Abklatsch von mir, das weißt du. Kohle für die ungezogenen Kinder, pah!«

Kris lächelte, aber für Freki sah es wie ein Zähnefletschen aus. »Mag sein oder auch nicht. Ich bin ganz froh, dass mir noch niemand ein Menschenopfer gebracht hat. Aber ich bin derjenige, auf den die Kinder warten, nicht du, Odin. Ohne Vixon werde ich es kaum schaffen, alle Geschenke auszuliefern. Die Wölfe hatten ihr Weihnachten. Wie viele Kinder müssen deshalb auf ihres verzichten?«

Odin legte Geri und Freki je eine Hand zwischen die Ohren. »Ich gebe zu, die beiden hätten etwas klüger sein können in der Auswahl ihrer Beute.« Er nickte zu der Wolfsfamilie hinüber, die mit eingeklemmten Schwänzen von der Hügelkuppe auf sie herunter starrte. »Lass den armen Tieren ihr Sonnenwendgeschenk, du wirst ein neues Rentier finden bis zum nächsten Jahr. Und für Geri und Freki weiß ich genau die rechte Strafe.«

Freki spürte, wie die Spitze einer Geweihschaufel in seinen Hintern stach. Er drehte den Kopf und zeigte der Rotnase die Zähne. Nur um anzudeuten, dass er *könnte*, wenn er wollte. Kris zog die Zügel an, die Glöckchen klirrten, als Frekis Schnauze auf seine Brust gepresst wurde. »Ruhe da vorn! Rudolf, es ist nur für heute Nacht.«

Geris Stimme klang dumpf zwischen dem Zaumzeug hervor. »Wenn er mich einmal mit dieser Peitsche berührt, nehm ich ihm den Schlitten auseinander, Versprechen hin oder her.«

Aber der Gelbmantel schien sich darüber im Klaren zu sein, dass es schon viel verlangt war von den beiden Wölfen, mit acht Rentieren im Geschirr zu laufen. Nun ja, und von den Rentieren wohl auch, musste Freki zugeben, während er den letzten Rest des Blutes von den Pfotenballen schleckte. Mit ihrem Herren als Rückendeckung wirkten die Hirsche eher wütend als ängstlich, trotzdem hatte Kris die Wölfe ganz vorn eingespannt. Freki musste sich zusammenreißen, um sich nicht ständig über die Schulter zu schauen. Das Donnern der Hufe so dicht hinter seinem Schwanz, das Schnauben der Rotnase an seiner Flanke … So mochte sich Beute fühlen, wenn die Wölfe ihr nachhetzten.

Kris dirigierte das ungeübte Führungspaar mit einem zarten Zupfen hier, einem leisen Ruf da, die Peitsche blieb in der Halterung. Schnell fielen Geri und Freki in ihren ausdauernden Wolfstrott, mit dem Vertreter ihrer Art viele Kilometer weit laufen konnten, immer im Gleichschritt mit der Herde, die sie verfolgten. In diesem Fall mit der Herde, die sie verfolgte. Aber nach und nach kam Freki die Strafe, die ihnen ihr Herr Odin auferlegt hatte, nicht mehr ganz so bitter vor.

Sie flogen über einen Ozean hinweg, oben die Sterne und Satelliten, unten das Blinken von Schiffen und Leuchttürmen, das Rauschen des Windes und der Wellen in den Ohren, zusammen mit dem Takt der Glöckchen. Kris musste irgendetwas mit der Zeit angestellt haben, denn keine Nacht hatte je so lange gedauert.

Hatte Geri am Anfang noch mit den Ohren gezuckt, am Zaumzeug gezerrt und das Rentier hinter sich angeknurrt, ergab er sich schließlich wie sein Bruder dem Rhythmus aus Starten, Landen, Warten, Starten, Landen, Warten. Längst fand Odins Neffe nicht mehr überall einen Schornstein vor, durch den er rutschen konnte. Doch welche Kräfte ihm auch immer zur Verfügung standen, er schaffte es, seinen dicken Bauch durch jeden Spalt zu quetschen und manchmal sogar stracks durch Wände zu gehen. Die Rentiere hatten sich darauf verlegt, die Wölfe zu ignorieren. Sie kauten auf den Mohrrüben herum, die ihnen irgendwelche Menschenkinder als Bestechung ausgelegt hatten, und rümpften nur gelegentlich die Nasen. Frekis Magen grummelte vernehmlich.

Sie waren gerade auf dem Dach eines Hochhauses niedergegangen, als Freki einen Menschen witterte, ein Kind, ganz nah. Er stieß ein Wuffen aus, um seinen Ersatz-Herren darauf hinzuweisen, doch das Mädchen versuchte gar nicht, sich zu verstecken. Es stand neben einem Lüftungs-schacht. Grell gestreifte Schlafanzughosen schauten unter einer Jacke heraus, die so dick war, dass die Ärmchen des Kindes ganz von allein ab-standen. Blonde Haarsträhnen lugten unter einer Bommelmütze hervor. Sein Mund hing so weit offen, dass Freki die Schokokrümel erkennen konnte, die ihm in den Backenzähnen klebten.

»Lilly, Lilly«, sagte Kris, doch Freki hörte das Lächeln unter dem Grol-len. »Nicht schon wieder. Wenn du das jedes Jahr machst, muss ich doch auf die Liste der ungezogenen Kinder setzen.«

Er sprang vom Kutschbock, doch das Mädchen beachtete ihn kaum. Ihre Augen, blau wie die eines Welpen, waren auf Geri und Freki gerich-tet. Zögernd ging es zwei Schritt auf sie zu. Freki schaute an ihr vorbei und versuchte so zu tun, als sei sie nicht da. Die Kinder, denen Odin Geschenke gebracht hatte, waren auch gelegentlich aufgewacht. Aber sie hatten den Anstand besessen, sich unter der Bettdecke zu verstecken und zu zittern.

»Sind das Wölfe?«, quiekte Lilly. »Können die auch fliegen? Darf ich sie streicheln?«

»Nein, Lilly, Wölfe sind keine Kuscheltiere«, sagte Kris. »Das sind Geri und Freki. Sie … helfen mir in diesem Jahr mit den Geschenken.«

Freki legte den Kopf schief und musterte den Mann. Kein Ton über die erfolgreiche – oder missglückte – Jagd. Er war wirklich aus ganz an-derem Stoff als sein Onkel.

»Darf ich ein Selfie machen?« Ohne eine Antwort abzuwarten, kramte das Kind ein Gerät aus der Jackentasche, stellte sich mit dem Rücken zum Schlitten und hielt es hoch. »Ameisenpipi!«

Freki betrachtete den kleinen Hintern, der sich ihm entgegenstreckte, und überlegte kurz, ob er hineinzwicken sollte, nur zur Warnung. Aber da schaute ihn das Kleine mit großen Augen über die Schulter hinweg an und er ließ stattdessen grinsend die Zunge aus dem Maul hängen. Es war ja nur einmal Sonnenwende im Jahr.

Winterheulen

Utz Anhalt

Am 21. Dezember lag Schnee an den Bergbächen, zwischen den Tannen leuchteten goldene Mosaike einfallender Sonnenstrahlen. Ulrich, Susanna und Martin, der Schotte, waren in der Stadt Thale im Ostharz angekommen und genossen die Bergnatur. Ulrich studierte Geschichte, begeisterte sich für Fantasy, der Schotte glaubte an heidnische Dämonen, und sie hatten Susanna, Ulrichs Freundin, überredet, mitzukommen in die Nacht der Nächte, in der die alten Germanen die Tore des Geisterreichs geöffnet sahen. Hier am Hexentanzplatz sollte einer der magischsten Orte zur Wintersonnenwende sein. Der Weg vom Tal in Thale zu den Granitfelsen auf dem Gipfel versprach, ein mystisches Abenteuer erster Klasse zu werden.

Hier unten im Tal wirkte der Himmel blau, obwohl vom Berghang Nebel aufzog, ein frostiger Wind ihn durcheinander wühlte und in die Hosenbeine kroch.

Martin und Ulrich fantasierten sich in die Wintersonnenwende hinein. »Wenn hier Autos fahren würden, wäre die Stimmung zerstört. Wenn ein Zwerg zwischen den Felsen herumläuft, würde es mich dagegen nicht wundern«, brummelte Ulrich und rieb sich die Nase mit fingerlosen Handschuhen.

»Der Zwerg kriegt zu Weihnachten kalte Ostereier«, sagte Martin und drehte sich mit rot gefrorenen Fingern eine Zigarette.

»Hört ihr den Wind heulen? Ich dachte anfangs, es wäre ein Tier«, sagte Susanna.

»Warte mal, da habe ich etwas gelesen.« Ulrich nahm seinen Rucksack von den Schultern und kramte ein Taschenbuch mit einem Wolfsmenschen auf dem Cover heraus: Sabine Baring-Goulds Buch der Werwölfe.

Er blätterte herum, leckte sich die Lippen, dann las er vor: »Der Autor schreibt: *Der Wolf, der in langen Winternächten sein wildes Geheul ausstieß, und die Hunde, deren schauriges Gebell im pechschwarzen Forst widerhallte – sie alle waren nicht von dieser Welt, sondern gehörten einem göttlichen Jäger an, waren also selbst wundersame, übernatürliche Wesen von gottähnlicher Rasse. (…) Der Sturmwind – erst zum Wolf umgedeutet – wurde nun zum Sturmgott, dem es gefiel, in seiner wölfischen Gestalt über die Erde zu jagen.«*

»Und die Hexen brauten den Sturm in ihrem Kessel«, ergänzte Martin und rieb sich die roten Ohren.

»Quatscht mal weniger, ich habe Hunger«, drängte Susanna.

Ulrich dozierte: »Dem alten Glauben nach sammelten sich die Hexen in dieser längsten Nacht oben auf dem Hexentanzplatz und flogen von dort zum Brocken, wo sie ihrem Herrn, dem Satan, den Anus küssten.«

Susanna schüttelte den Kopf. »Schatz, das ist die Walpurgisnacht, die Nacht zum 1. Mai.«

Ulrich kratzte sich verlegen am Kopf. »Schade.«

Martin und Ulrich hielten sich an Schierker Feuerstein, einen Kräuterschnaps, und hatten bereits die erste Flasche intus.

»Ihr solltet nicht so viel saufen, bevor wir auf der Spitze sind. Die Felsen sind steil, es wird anstrengend«, sagte Susanna. »Außerdem öffnet Alkohol die Poren, bis wir oben sind, seid ihr erfroren. Warum heißt der Platz Hexentanzplatz?«, wechselte sie das Thema.

Ulrich blätterte in seinem Reiseführer. »Goethes Walpurgis im Faust spielt auf der Hochebene bei Thale. Aber der Hexentanzplatz war eine Kultstätte der Altsachsen. Man fand hier einen germanischen Opferstein. Außerdem steht oben eine Steinmauer, die ein Germanenstamm angelegt hat.«

»Haben die auch Menschen geopfert?«, fragte Martin.

»Die Germanen auf jeden Fall«, antwortete Ulrich. »Die waren kriegerisch. Ihr höchster Gott Odin war auch Schlachtengott und ständig von zwei Wölfen, Geri und Freki, begleitet.«

»Die Wölfe haben mit kriegerisch wenig zu tun«, warf Susanna ein.

»Geri steht für Vermittlung und Freki für Wachsamkeit.«

»Warte mal«, sagte Ulrich und wühlte mit kalten, zitternden Fingern erneut in seinem Rucksack, zog das Buch hervor und schlug die Seiten um.

»Willst du hier eine Bibliothek aufmachen, du Penner?«, foppte ihn Martin und rollte mit den Augen.

Ulrich las wieder vor: »Baring-Gould schreibt: *Da Hunde und Wölfe heulen, hielten sie den Nachtwind für einen riesigen Wolf, der in dunklen Winternächten über das Land fegte und nach Beute gierte. Die Wölfe Skol, der Sturm, und Hati, der Hass, rasen hinter der Sonne und dem Mond her, die diesen Himmelsjägern knapp entkommen.*«

»Die Sonne entkommt uns auch, wenn ihr so lange weiterlabert«, sagte Susanna. »Es ist der kürzeste Tag, und bei Dunkelheit ist das kein Spaziergang.«

»Da oben gibt es eine Walpurgishalle mit einem einäugigen Odinskopf«, bemerkte Martin.

»Odin wurde im Christentum zum wilden Jäger, der zwischen Weihnachten und Neujahr mit seinem Dämonenheer durch die Wolken zieht und geeignete Krieger suchte, die sich seiner Schar anschließen können. Da müssen wir hin, zu dieser Halle, es sind Odinstage«, fügte Ulrich hinzu.

»Kein Wunder, dass die Leute so etwas geglaubt haben, bei der Landschaft.« Martin blickte auf den »deutschen Grand Canyon«. Der Granitfelsen der Roßtrappe bildete zusammen mit dem Hexentanzplatz weit über dem »Tal der engen Wege« ein Felsentor, durch das sich der Fluss Bode in der Tiefe sein Bett zwischen kristallklarem Eis, Steinbrocken, Hornfels, Schiefer, Ramberggranit und umgestürzten Baumstämmen suchte.

Ulrich, der in Sagen schwamm wie ein Wasserdrache, dozierte: »Die Bode heißt nach dem Riesen Bodo. Der soll der Sage nach die schöne Brunhilde verfolgt haben. Die rettete sich mit einem Sprung ihres Pferdes über das Tal. Deshalb heißt der Felsen da drüben auch Roßtrappe. Ach so, Bodo wurde zur Strafe in einen schwarzen Hund verwandelt, der jetzt die Krone der Prinzessin bewacht. Um Mitternacht, besonders zur Walpurgis, hört der Wanderer sein Schreckensgeheul.«

Die drei wanderten den Fluss entlang. Familien mit Kindern kamen gerade vom Gipfel zurück. Viele der Jungs trugen Dreizacke aus Plastik, sehr beliebt waren auch Teufelshörner, die im Dunkeln leuchteten, Gummihexennasen und Perücken mit eisgrauen oder feuerroten Haaren.

»Das ist ja wie beim Karneval«, lästerte Susanna. »Ich dachte, hier springen Leute nackt um das Feuer herum.«

»Vor allem springt hier irgendjemand im Winter nackt rum. Da wehen dir ja die Eier weg«, erwiderte Martin.

Die Dämmerung hatte eingesetzt. Durch Birkenblätter drangen Blaulichtsprenkel der untergehenden Sonne auf den Waldboden. Wie auf einem Gemälde von Caspar David Friedrich funkelten sie auf dem Moos und den mit Eis überzogenen Steinen.

»Krak, Krak, Krak«, tönte es über ihnen.

»Susanna, da! Ein Kolkrabe«, rief Ulrich.

»Wie, keine Krähe?«

»Nein, er ist viel größer und hat einen kürzeren Schwanz. Außerdem ist seine Stimme tiefer.«

»Hugin und Munin«, erläuterte Martin. »Sie sind Odins Raben: Weisheit und Klugheit. Vielleicht beginnt die wilde Jagd jetzt. Vielleicht holt Odin die geilsten Hexen vom Hexentanzplatz zu sich.«

Susanna verdrehte die Augen. »Was ist in deiner Pubertät eigentlich falsch gelaufen?«

Die drei wanderten bis zur Jungfernbrücke, überquerten die Bode, deren Wasser sich mühsam durch das Eis brach, und stiegen den Bergweg hoch. Martin und Ulrich hatten die zweite Flasche Feuerstein schon halb geleert, und Ulrich lallte bereits.

»Wir hätten früher losgehen sollen«, meinte Susanna. »In einer halben Stunde ist es dunkel, und dann wird es hier gefährlich. Dann kommen die Werwölfe und Teufel, die Zwerge krabbeln aus ihren Höhlen und der schwarze Hund lähmt die Wanderer mit seinem Todesgeheul.«

Martin wartete immer wieder auf seine Freunde. Für den schottischen Highlander war dies ein Spaziergang, und auch Susanna sah den Weg nicht als Bergtour an. Ulrich aber schwitzte und ächzte unter der Last seines Übergewichts. Er war das Überwinden von Höhen nicht gewohnt. Susanna wartete an einer Wegschlaufe.

»Lass uns eine Pause machen«, japste Ulrich.

»Wir halten, wenn wir oben sind.« Susanna tastete sich über die kalten Steine.

Zwei Jugendliche kamen ihnen entgegen. »Viel Spaß«, meinte der eine. »Da vorne liegt ein Baum auf dem Weg, und es wird steil. Der festgetretene Schnee ist eine Rutschbahn.«

Susanna und Ulrich marschierten weiter. Immer wieder rutschte Ulrich auf dem Eis aus, trat in ein Schneeloch über einem Bachlauf und stolperte über eine Wurzel.

»Nein, Schatz«, sagte Susanna mit einem Seitenblick auf ihren keuchenden Freund. »Zurück können wir nicht mehr.«

»Hätten wir wenigstens Vollmond«, seufzte Ulrich, denn die Mondsichel lag wie eine Messingscheibe über den Fichten und strahlte kaum Licht ab. Dann stießen sie auf den Baum. Er lag quer auf dem Weg. Schnee bedeckte ihn, das Eis verband die feinen Zweige mit der Erde und den Steinen. Sie mussten um ihn herum durch Steingeröll krabbeln.

Außer Atem lehnte sich Ulrich mit dem Kopf an den Stamm und verschnaufte. Der Frost pulsierte in seinen Fingerkuppen.

»Susanna«, rief er, aber er hörte keine Antwort. »Susanna? Martin?«

Nichts. Er konnte den Weg kaum von den Schneewehen unterscheiden. Nebel waberte zwischen den Birken wie eine Gruppe durchscheinender Geister. Die im Kleid des Winters verhüllten Äste schienen wie Rippenknochen, ausgebleicht, als hätte ein Wintergott sie zum Opfer genommen, ein Gott, dem es nach Leben dürstete und der mit seiner Kälte die Lebenskraft fraß wie Hati, der Hasswolf.

»Martin!«, rief er. Dann hörte er ein Heulen, wie von einem Wolf, gefolgt von: »Ulrich, Ulrich, hier oben!«

War das der Wind? Nein, das war Martin. Ulrich atmete auf, froh, dass er seinen Freund nicht verloren hatte. Dann spitzte er die Lippen und heulte zurück: »Ahouu, Ahouuuu.« So wie ein Wolf. »Ahouu, Ahouuuu.«

Wieder kam es von oben: »Ulrich, Ulrich, Ulrich. Ahouuuu.«

Ulrich hastete, seine Erschöpfung war vergessen. Jetzt hörte er die von Böen zerrissenen Musikfetzen einer Mittelalterband. Das war der Hexentanzplatz, die härteste Wegstrecke lag wohl hinter ihm.

»Ahouu, Ulrich.«

Das war Martin. Da war sich Ulrich sicher.

Lauter dröhnte es jetzt auf dem Gipfel im Osten. Blies der Wind zum Sturm auf? Doch dann, was war das? »Ahouuuu, Ahouuuu«, heulte es aus verschiedenen Kehlen aus westlicher Richtung vom Gipfel. Das war nicht Martin und es war auch nicht der Wind, der direkt aus der Arktis zu blasen schien und Firnkristalle in sich trug.

Ist es doch der Wind?, fragte sich Ulrich. Dieses Heulen klang genauso real wie das von Martin. Wölfe!, dachte er automatisch, und ein Schauer lief ihm über den Rücken. Dann beruhigte er sich. Erstens gab es keine Wölfe mehr im Harz und zweitens griffen Wölfe keine Menschen an.

Das Heulen hielt an, und es handelte sich eindeutig um mehrere Rufer. »Vielleicht sind das die richtigen Neuhexen, die Odin Opfer bringen. Ist Odin auch der Gott des Winters? Es ist doch der Wind«, murmelte er und zog sich weiter an den Steinen entlang.

Er orientierte sich jetzt an den Baumstämmen, denn außer den hellen Birken und den im Mondlicht silbern leuchtenden Steinen konnte er nichts mehr erkennen. Der Bach, in dem er stand, hätte auch eine Nebelschwade sein können, und der Granitblock, der quer über dem Weg lag, ein Luftloch, in dem es zweihundert Meter bergab ging.

Er zog sich höher, von Baum zu Baum, und wieder hörte er das Heulen, während der Wind ihm um die Ohren blies. Das war nicht der Wind, oder? Er hielt inne. »Das sind keine Menschen«, wisperte Ulrich. Kein Mensch konnte so perfekt den Ruf von Wölfen nachahmen. Hatte vielleicht jemand heulende Wölfe aufgenommen und spielte das Tonband ab? Er verwarf den Gedanken sofort. Das hätte bedeutet, dass oben jemand saß, der wartete, bis Martin oder irgendwer anders anfing zu heulen. So ein Quatsch! »Vielleicht gibt es hier wieder Wölfe und keiner hat sie vorher gesehen«, flüsterte er und schüttelte erneut den Kopf über seine Unvernunft. »Die laufen dann bestimmt zum größten Event im Harz und setzen sich daneben.«

Der Wind strich durch die Birkenzweige und brachte die gefrorenen Hölzer zum Klirren, als würden sie die Hexen begrüßen. Äste streckten sich in die Nachtluft wie Knochenfinger.

Dann ertönte es erneut: »Aouuuuuu.« Der Klang vermischte sich mit dem Pfeifen des Windes zwischen Tannenzweigen, als hätte Odin seine

Neujahrswölfe ausgesandt, um Beute zu reißen – ihn, Ulrich. »Keine Zeit zu träumen«, sprach Ulrich zu sich. »Ich muss zum Tanzplatz, Martin und Susanna finden.«

Er gestand sich ein, dass er Angst hatte. Er war ein aufgeklärter Mensch. Es gab keinen Sturmwolf, keine Hexen und keinen wilden Jäger. Und es gab im Harz auch keine Wölfe. Vielleicht hielten da oben Gastwirte Hunde. Oder die veranstalteten Schlittenrennen mit Huskys. Und die drehten nun durch wegen des Lärms auf dem Festival. Er war dem Heulen nähergekommen, nah an der Hochebene, und der Weg hatte jetzt ein Geländer, an dem er sich festhielt. Ihm schien, als ginge er auf den Ton zu.

Was, wenn die Hunde nicht im Zwinger waren? Ihn fröstelte. Und wenn jetzt durchgeknallte Rottweiler oder Dobermänner im Wald herumliefen? Hatte er eben nicht einen Schatten gesehen, der sich bewegte? Dort oben, beim Asthaufen? Wäre es bloß hell gewesen! In solch einer Harznacht, wenn der Wind unter die Lederjacke kroch und Finger erstarrten, wenn der Wind zwischen erfrorenen Tannennadeln knisterte, schien einem Ortsfremden wie ihm wohl alles verzaubert.

Wie sollte er Susanna erklären, dass er sich vor Hunden fürchte? Er, ein erwachsener Mann, wie peinlich! Aber er hatte Angst, das musste er sich eingestehen. Natürlich wusste sein Kopf, dass der Schatten kein Hund gewesen war, sein Bauch aber sagte ihm: »Flieh, solange du noch Zeit hast! Such dir einen Baum und klettere hinauf, da können die Hunde nicht folgen.« Vielleicht waren es ja die Hunde Odins, versuchte er sich vergeblich zu beruhigen. Er dachte an die wilde Jagd und an den schwarzen Hund, in den sich der Riese Bodo verwandelt hatte. Ein schwarzer Hund, ich höre Gespenster. Hier braucht man keine Tollkirsche, um Halluzinationen zu bekommen, rationalisierte er.

Es heulte wieder. Ein langgezogener Laut von mehreren Wesen. Vielleicht waren es Huskys. Die bellten nicht, sondern heulten. Aber sie griffen keine Menschen an. Rottweiler heulten nicht, die grollten. Es hörte sich an wie Wölfe. Ich spinne rum wie irgendein Hillbilly aus Martins Dorf. Wofür habe ich eigentlich studiert?

Das Heulen war genauso wirklich wie die Kälte unter seiner Lederjacke. Weit vorn sah er Licht und konnte Gesangssplitter hören wie brechendes Eis, dazu eine elektronisch verstärkte Fiedel. »Gleich bin ich da«, schnaufte er. Der Wind zerkratzte ihm die Nasenflügel und räusperte sich in den Fichten, als reibe er sich die Hände, um Ulrich zu holen.

Bilder von Tieraugen, die rot im Dunkeln leuchteten, verflossen mit einem aufgerissenen Maul zwischen Wolkenrissen, dabei pochte die Fiedel wilder und wilder in seinen Ohren. Wurde er wahnsinnig? Es heulte wieder, aber diesmal so, dass seine Knochen vibrierten, die Knie weich wurden und aneinander klapperten. War er das selbst oder waren das seine Beine, die ihn antrieben, den Weg zurück, weg von dem, was im Dunkeln auf ihn lauerte, weg von den Bestien des Sturms und des Hasses, die ihn jagten?

Ulrich stolperte, rannte, stolperte, lief und rannte, prallte mit dem Kopf gegen einen Felsüberhang. Das Heulen wurde leiser, aber: Weiterlaufen!, rief es ihm zu, weiter, weiter, weiter! Da, ein Stück Erde für seine Füße, wie schnell er doch springen konnte. Was für ein großer Sprung! Der Wind riss an seinen Haaren, es war, als würde er fliegen. Doch warum lagen seine Arme nicht auf den Steinen, warum strampelten seine Füße in der Leere?

Die Bergluft drang ihm kalt und angenehm in die Lungen, der Wind teilte sich vor seinen Augen wie die Gischt einer Flutwelle, dann stoppte sein Sprung, und ein Schmerz durchzog Schulter, Rücken und Wirbelsäule.

»Susanna! Martin!«, brüllte er. »Helft mir!«

Und immer noch vernahm er das Heulen, das mit dem Wind in das Tal pfiff. Was, wenn die alten Geschichten wahr wären und wirklich Geisterwesen in der Nacht der Nächte umhergingen? Warum hatte er bloß alles für lächerlich gehalten, was sich die Bergbauern erzählten?

Er hörte ein Rauschen in seinen Ohren, und Nachtgeschöpfe hüllten ihn ein und führten ihn in das Reich der Mystik. Dann das Leuchten. Waren das Irrlichter? Sie riefen seinen Namen. Nein, sie durften ihn nicht holen, nein, nein, nein. »Skol und Hati, ihr kriegt mich nicht!«, brüllte er.

Die Lichter kamen näher, sein Körper bäumte sich auf vor Schmerz, als er nach dem ersten trat. Dann tanzten Funken vor seinen Augen und es wurde schwarz. Er sah Odin, den Göttervater, auf einem schwarzen Hund durch eine mondlose Nacht reiten. Oder war es doch der Sturmwolf?

»Ulrich, Ulrich«, hörte er wie aus weiter Ferne. Er versuchte, die Augen zu öffnen. Alles war weiß, wie ein sonnenloses Licht in den Höhlen der Zwerge. »Ulrich, Ulrich.« Er öffnete die Augen weiter.

»Na, wachst du auf, du Dickschädel.« Das waren die Gesichter von Martin und Susanna.

»Ich habe dir doch gesagt, du sollst auf den Weg achten«, flüsterte Susanna ihm zu.

»Da … da waren Hunde und Wölfe und Lichter, die … die haben geheult, sie wollten mich holen.«

»Die Feuerwehr wollte dich holen. Jemand hat ihnen Bescheid gesagt, weil du um Hilfe geschrien hast. Du hast einem von ihnen in den Bauch getreten.«

»Aber … aber die Wölfe, der Sturm und der Hass?«

»Auf dem Hexentanzplatz befindet sich ein Tierpark. Das Gehege der Grauwölfe grenzt direkt an den Bergweg. Sie waren es, die uns geantwortet haben. Susanna und ich waren gestern Morgen noch einmal im Park, als du noch in Narkose lagst. Es sind vier Wölfe. Ich habe noch ein paarmal geheult, aber sie reagierten nicht. Wahrscheinlich haben sie gemerkt, dass ich nur so ein blöder Tierparkbesucher bin und kein Wolf.« Martin grinste.

»Du hast Glück gehabt, Schatz. Du bist anscheinend vom Weg abgekommen und einen Geröllhang hinuntergestürzt. Drei Meter abschüssig bist du gegen eine Schieferplatte geknallt. Die hat dich abgefangen, dabei hast du dir die Schulter und das Schlüsselbein gebrochen. Du hättest tot sein können. Darunter geht es Hunderte von Metern in die Tiefe. Weihnachten musst du im Krankenhaus bleiben.«

»Oh Gott, was für ein Abenteuer«, murmelte Ulrich, blickte in die Zwergenkristalle, die sich in die Neonröhren eines Krankenhauszimmers verwandelten, betastete seinen Gips und wusste, dass er diese Wintersonnenwende nicht vergessen würde.

Kajas Wolf

Claudia Hornung

Er tauchte wie ein Schatten in der Dämmerung auf. Reglos verharrte er einen Moment und musterte das Haus, ehe er den hinteren Teil des Gartens durchquerte und im angrenzenden Wald verschwand.

Als Kaja den Wolf zum ersten Mal entdeckte, erstarrte sie mitten in der Bewegung. Ungläubig riss sie die Augen auf. Ihre Hände im warmen Spülwasser verkrampften sich, die Tasse rutschte ihr aus den seifigen Fingern und klirrte ins Becken. Sie öffnete den Mund, doch statt eines Schreis quoll nur ein fassungsloses Keuchen hervor. Dann war die Erscheinung auch schon wieder auf und davon – und Kaja fragte sich, ob sie sich alles nur eingebildet hatte.

»Hast du nicht«, versicherte Agnes am nächsten Morgen im Krankenhaus. Kaja besuchte sie jeden Tag, obwohl sie das nicht wollte. »Ich bin alt, lass mich doch einfach in Ruhe sterben«, hatte sie ihrer Enkelin gleich nach der Ankunft erklärt.

Kaja dachte gar nicht daran, zu gehorchen. Sie würde auch Agnes' Haus am Rand der Laußnitzer Heide niemals verkaufen, sondern behalten.

»Ach, Kind, was willst du denn mit der maroden Hütte?«

»Darin wohnen«, erwiderte Kaja. Sie brauchte dringend eine Auszeit. In Berlin war ihr zuletzt alles über den Kopf gewachsen – der berufliche Stress, die Misserfolge, die sich häuften, die lähmende Beziehung mit Tom, den sie schon lange nicht mehr liebte. Sie musste dort weg. Durchatmen, sich selbst wiederfinden, nochmal neu anfangen. Der Anruf aus der Radeburger Klinik war ihr wie ein Wink des Schicksals vorgekommen. Kaja hatte sich ins Auto gesetzt und alles hinter sich gelassen.

Und nun dieser Wolf …

»Er ist nicht gefährlich.« Agnes knochige Finger zupften an der Bettdecke. »Er hält stets Abstand, beobachtet nur. Ich weiß nicht, ob er zu einem Rudel gehört. Er kommt immer allein, meist am Abend.« Sie lehnte sich ins Kissen zurück. »Er ist schön, nicht?«

Kaja versuchte, sich zu erinnern. Sein Bild heraufzubeschwören. Das graubraune Fell zwischen den rieselnden Schneeflocken. Der große Kopf mit den klugen Augen. Scheu hatte er nicht gewirkt, eher ernst und vorsichtig.

»Ich wünschte, ich könnte ihn noch einmal sehen«, flüsterte Agnes. Sehnsucht schwang in ihren Worten mit.

»Das wirst du.«

Agnes lächelte nur. Es war ein wissendes Lächeln, müde und traurig. Sie war längst dabei, sich zu verabschieden. Als Kaja sich am Nachmittag auf den Heimweg machte, ahnte sie, dass sie den Wolf wohl fotografieren musste, um ihr Versprechen zu halten.

Das alte Haus lag verlassen in der Dämmerung. Ihre Reifenspuren vom Morgen waren zugeschneit, die Büsche im Vorgarten trugen weiße Hauben. Kaja stellte den Motor ab. Dass sie jetzt den Hausschlüssel besaß, fühlte sich immer noch fremd an.

Alles war anders in diesem Advent. Keine Agnes, die in ihrer geblümten Schürze die Tür aufriss und die Arme ausbreitete. Keine leuchtenden Fenster in der Dunkelheit. Keine knacksenden Holzscheite im Kamin, kein Zimtduft aus der Küche.

»Warum eigentlich nicht?« Kaja löste den Gurt. Vielleicht lag es ja nur an ihr, den kalten Dezembertagen etwas Wärme einzuhauchen.

Sie fand den großen Karton mit der Weihnachtsdekoration und platzierte die kunstvolle Lichterpyramide und die geschnitzten Schwibbögen auf den Fensterbänken. Agnes Backbuch stand auf dem Bord neben dem Herd. Kaja kramte in der Vorratskammer nach den Zutaten und stellte fest, dass alles vorhanden war. Ihre Großmutter hatte offenbar noch eingekauft, ehe sie so böse gestürzt war. Auch die leeren Keksdosen standen bereit. Kaja biss sich auf die Lippen. »Also los. Wer nicht wagt …«

Sie stellte das Radio an, um die Stille zu übertönen, und summte gelegentlich vor sich hin, während sie Teig knetete und Plätzchen formte.

Das erste Blech war gerade im Ofen, als es klingelte. Kaja zuckte zusammen. Mit Besuch hatte sie nicht gerechnet. Hastig wischte sie sich die mehligen Hände ab und eilte zur Tür.

Der Mann, der davor stand, kam ihr bekannt vor. Irritiert betrachtete sie ihn. Die blonden, leicht zerzausten Haare, die gerunzelte Stirn, die sanft geschwungenen Lippen, die sich jetzt öffneten, um ein erstauntes »Hallo?« zu bilden. Und dann zu fragen: »Kaja, bist du das?«

»Rico?«

Er nickte. Spontan fiel Kaja ihm um den Hals. Mehlstaub zierte seine wattierte Jacke, und sein Lächeln fühlte sich fast noch besser an als seine Umarmung.

»Komm rein!«, rief sie und zerrte ihn mit sich.

Gleich darauf saß Rico in der Küche, Kaja kochte Tee und sie tauschten Erinnerungen an unbeschwerte Kindertage aus: Baden im Weiher, Ausflüge in den Wald, Kirschenklauen bei sonnenflirrender Hitze. Wenn Kaja ihre Sommerferien bei Oma Agnes verbrachte, war Rico nie weit gewesen. Sogar ihren allerersten Kuss im Alter von zwölf verdankte sie ihm. Dann hatten seine Eltern sich getrennt und er war mit seiner Mutter nach Leipzig gezogen.

»Wie lange ist das her, fünfzehn Jahre?«

»Sechzehn.«

Wie konnte Nähe sich so vertraut anfühlen, wenn man sich sechzehn Jahre nicht gesehen hatte? Wenn der andere jetzt erwachsen war?

Kaja boxte Rico gegen die Schulter. »Du hast mir nie geschrieben, du Schuft!«

»Verzeih mir«, bat er lachend.

Sie funkelte ihn an. »Muss ich mir noch überlegen.«

Kam es ihr nur so vor oder knisterte die Luft plötzlich in der aufgeheizten Küche? Kaja rettete sich, indem sie die nächste Ladung Plätzchen in den Ofen bugsierte. Die fertigen verströmten ein himmlisches Vanillearoma.

»Darf ich?« Rico griff nach dem Blech.

Kaja warf ein Geschirrtuch nach ihm. »Finger weg! Die müssen erst abkühlen.«

Als er sich beschwerte, weil sie sich anhörte wie Agnes, erzählte sie ihm vom kritischen Zustand ihrer Großmutter. Er wusste bereits von dem Sturz, dennoch tat es gut, die Last mit ihm zu teilen. Ricos unverhoffter Besuch gab Kaja Halt. Erst recht, nachdem er ihr erzählte, dass er seit einiger Zeit wieder im Dorf lebte.

»Dann sehe ich dich also öfter?«

»Jederzeit, wenn du willst.« Die sanfte Berührung, mit der er sich verabschiedete, ließ Kajas Haut glühen.

Auch als er längst gegangen war, hatte sie seine Stimme und sein Lachen noch im Ohr. Wieder stand sie am Spülbecken und starrte hinaus in den Garten. Heute war es zu dunkel, um etwas erkennen zu können, aber sie spürte, dass der Wolf irgendwo dort draußen war. Vielleicht beobachtete er sie gerade. Fragte sich, was sie hier zu suchen hatte, in Agnes' Haus.

»Bitte komm morgen wieder«, flüsterte sie und ahnte, dass sie damit beide meinte: Rico und den Wolf.

Ehe sie zu Bett ging, legte sie das Handy griffbereit auf den Nachttisch. Hoffentlich taugte die eingebaute Kamera überhaupt dafür, ein Bild des Wolfes einzufangen.

Am nächsten Tag schneite es unablässig in dichten Flocken. Die Fahrt ins Krankenhaus war mühsam, und es dauerte, bis Kaja sich durchgekämpft hatte. Agnes schimpfte über ihre Sturheit. »Du sollst bei diesem Wetter nicht wegen mir durch die Gegend fahren.«

»Ich will es aber«, beharrte sie.

»Herrje, wo hast du bloß diesen Dickschädel her?«

»Von dir vielleicht?« Kaja reichte ihr die mitgebrachte Keksdose. »Hier, bitte. So gut wie deine sind sie leider nicht. Aber immerhin essbar.«

Sie berichtete von Rico, der so unerwartet aufgetaucht war und ihr beim Backen geholfen hatte. Für Agnes schien ein Stück Vergangenheit lebendig zu werden, sie redete mehr als sonst und wirkte aufgeweckter.

»Schön, dass du ihn getroffen hast«, meinte sie abschließend.

»Ja, er sagte, er geht oft im Wald spazieren und hat sich über das fremde Auto vor deinem Haus gewundert. Darum hat er geklingelt.« Kaja zwinkerte ihr zu. »Ich glaube, er hat sich kein bisschen verändert. Er ist genauso neugierig wie früher.«

Insgeheim fragte sie sich, warum sie Rico nichts von dem Wolf erzählt hatte. Weil dafür zu wenig Zeit gewesen war? Oder weil sie nicht wusste, wie er reagieren würde? Konnte sie ihm vertrauen? Viele der Einheimischen hatten nichts übrig für Wölfe. Manche hatten Angst vor ihnen, andere fürchteten um ihre Schafe oder Haustiere.

Nachdenklich wanderte Kaja an diesem Abend treppauf, treppab durchs Haus. Vom Dachfenster aus konnte sie weit über den verschneiten Garten blicken. Wieder hatte sie den Eindruck, dass der Wolf dort draußen war und zu ihr herüber spähte. Aber erst zwei Tage später erhaschte sie den nächsten Blick auf sein graubraunes Fell. Im Morgenlicht fand sie dann auch seine Spuren im Schnee. Die Fährte führte direkt in den Wald.

»Keine Angst, ich werde dir nicht folgen«, murmelte sie.

Ihren Plan, den Wolf zu fotografieren, musste sie verwerfen. Es war stets zu dunkel, wenn er auftauchte. Mehr als ein verschwommener Fleck war auf ihrem Handy nie zu erkennen. Stattdessen holte sie den Skizzenblock hervor und begann zu zeichnen. Es fiel ihr leicht, sein Antlitz aufs Papier zu bringen. Wann immer sie die Augen schloss, konnte sie sein Bild abrufen; ganz so, als hätte sie es bereits bei ihrer ersten Begegnung verinnerlicht.

Sie beneidete die Krähen am Himmel, die bestimmt wussten, wo der Wolf sich tagsüber versteckte und wie groß sein Revier war. Vielleicht überließ er ihnen manchmal die Reste seiner Mahlzeiten. Zu gern hätte Kaja ihn ebenfalls begleitet. Zu gern hätte sie gewusst, wie sein Fell sich anfühlte; ob es rau und struppig war oder dicht und weich. Dass dieser Wolf sie besuchte, rührte etwas in ihr an, das sie nicht genau benennen konnte. Durch ihn bekam sie eine Ahnung von Freiheit und Unabhängigkeit. Vielleicht bedeutete ihre Flucht aus Berlin ja gar nicht, dass sie beruflich und privat versagt, sondern dass sie endlich den richtigen Weg eingeschlagen hatte …

Ricos Anwesenheit schien das zu bestätigen. Zu Kajas Freude rief er regelmäßig an oder kam vorbei. Sie bummelten über die Weihnachtsmärkte der Region, wärmten ihre kalten Hände an Glühweinbechern und gelegentlich auch in den Jackentaschen des anderen. Sie teilten sich Tüten voll heißer, knuspriger Kräppelchen und küssten sich anschließend den Puderzucker von den Lippen.

»Ich kann nicht fassen, was gerade mit uns passiert«, sagte Kaja und pustete Schneestaub aus Ricos Haaren. »Dass du wieder zu meinem Leben gehörst.«

Doch neben all den positiven Veränderungen gab es eine, die weniger schön war. Agnes ging es zunehmend schlechter. Ihr Atem rasselte, die gebrochene Hüfte schmerzte, und je weiter der Dezember voranschritt, umso mehr gab Kaja die Hoffnung auf Heilung auf. Sie beschloss, nicht bis Weihnachten zu warten, um Agnes ihr Geschenk zu überreichen. Womöglich war es dann bereits zu spät.

»Was bringst du mir denn da?«, fragte Agnes matt.

»Mach es auf.«

Sie wickelte umständlich das Papier ab. »Oh«, hauchte sie dann. »Der Wolf aus meinem Garten.« Eine Träne glitzerte in ihrem Augenwinkel. »Du hast ihn wunderbar getroffen. Genau so sieht er aus.«

»Soll ich die Schwestern fragen, ob ich das Bild für dich aufhängen darf?«

»Was, hier?« Entsetzt schüttelte Agnes den Kopf. »Nein, hier gehört der Wolf nicht hin.« Sie schlug das Papier wieder um die Zeichnung. »Daheim in der Stube findest du sicher einen besseren Platz dafür.«

Am liebsten hätte Kaja sie auch mit nach Hause genommen. In ihrem Klinikbett sah Agnes bei jedem Besuch kleiner und erschöpfter aus. Fast so, als würde sie Stück für Stück in eine andere Dimension entschwinden …

Heiligabend brach an. Rico überraschte Kaja mit einer selbst geschlagenen Tanne, die er ächzend ins Haus schleppte, eine Spur aus Nadeln und Dreck hinter sich herziehend. Sie starrte ihn sprachlos an, während er den Baum neben dem Kamin aufstellte.

»Was ist, störe ich? Wolltest du Weihnachten lieber allein verbringen?«

»Nein, ich …«, sie schluckte, »ich hatte nur gedacht, du … ach, nichts.«

»Gut.« Er lächelte.

Ihr Herz geriet ins Stolpern, aber das war ihr egal. Rico durfte wissen, was sie empfand. Sie schmückten die Tanne mit Strohsternen und einigen hauchzarten Glaskugeln, die sie in einer Schachtel fanden. Später machte Rico Feuer, während Kaja Wildragout auftaute, das sie in Agnes Gefriertruhe entdeckt hatte. Mangels Kloßteig gab es Reis dazu.

Zum Dessert zauberte Rico Bratäpfel, wie Kaja sie seit Jahren nicht mehr gegessen hatte. Sie seufzte vor Wonne, während sie die restliche Vanillesoße mit dem Löffel aus der Schüssel kratzte.

»Noch ein Bissen und du platzt«, prophezeite Rico.

»Wenn du dich da mal nicht täuschst!«

Das winzige Päckchen, das er ihr schenkte, enthielt eine geschnitzte Wolfsfigur an einem Lederband. Behutsam drehte Kaja das Wunderwerk zwischen den Fingern. »Hast du den Anhänger selbst gemacht?«

»Ja.«

Wie früher schien Rico alle ihre Geheimnisse zu kennen, auch die, die Kaja ihm nie anvertraut hatte. Ein bisschen machte ihr das Angst. Der Boden unter ihren Füßen war noch so brüchig. Ihr altes Leben hing an ihr wie eine zerfetzte Haut, die sie erst abstreifen musste. Vielleicht war es zu früh, sich auf diese intensive Zweisamkeit einzulassen. Auch wenn es Rico war, um den es ging. Auch wenn sie ihn liebte.

»Danke«, flüsterte sie. »Der Wolf ist wunderschön.«

Wenn Rico sich mehr als Antwort erhofft hatte, so sagte er es nicht. Ihr Geschenk – eine Skizze, die sie nach einem Kinderfoto angefertigt hatte, auf dem sie beide mit Zahnlücken in die Kamera grinsten – fand er witzig und gelungen. Doch Kaja erkannte, dass sie sich rückwärts gewandt hatte, während sein Geschenk die Gegenwart spiegelte, ja mit einem Hauch sogar schon die Zukunft berührte.

»Willst du, dass ich bleibe?«, fragte er später am Abend.

Kaja zögerte ein paar Sekunden zu lang. Also fuhr er nach Hause. Kaum war er fort, vermisste sie ihn und seine Nähe. Warum war es nur so schwer, manchen Schritt zu gehen? Aus Angst, einen Fehler zu machen? Sie umklammerte ihren Holzanhänger und dachte an den echten Wolf, der dort draußen umherstreifte. Wusste ihr stolzer, einsamer Wanderer die Antwort auf ihre Frage?

Agnes starb in den frühen Morgenstunden des 25. Dezember. Friedlich schlief sie ein, in dieser frostklaren Winternacht, in der der Mond hoch am Himmel stand und ein trauriges Heulen durch die Laußnitzer Heide tönte. Kaja hörte es, noch halb im Traum, und tapste schlaftrunken ans Fenster. Die schneebedeckte Landschaft sah im Vollmondlicht wie verzaubert aus.

Kaja presste die Stirn gegen die eisige Scheibe. Ein Kälteschauer jagte über ihre Haut. Das Heulen klang wie eine Aufforderung, ein Zeichen.

Und plötzlich begriff sie – ihr Wolf machte sich auf den Weg. Er würde einem neuen, unbekannten Pfad folgen und seine Freiheit dabei im Herzen tragen. Auch Agnes war aufgebrochen. Nun war es an Kaja, dasselbe zu tun …

Sie tastete nach dem Handy und tippte blind Ricos Nummer ein. »Kannst du herkommen? Bitte?«

Er nannte sie nicht verrückt und fragte sie auch nicht nach dem Grund. Er murmelte nur »Okay, bin gleich da«, und sie wusste, dass sie sich auf ihn verlassen konnte, jetzt und für alle Zeit.

Als wenige Minuten später die Reifen des SUV über die gefrorene Zufahrt knirschten, riss Kaja die Haustür auf und warf sich in seine tröstende Umarmung. Während er ihr zärtlich übers Haar strich, heulte der Wolf in der Ferne erneut. Kaja hob den Kopf und lauschte. Sie fragte sich, ob er ihr eine weitere Botschaft übermitteln wollte. Oder ob es sein Abschiedsgruß war.

»Suchen Wölfe auf diese Weise nach einer Gefährtin?«

»Tja, dann hoffe ich bloß, dass er bald eine findet«, meinte Rico trokken.

Sie küsste ihm das Lachen aus den Mundwinkeln und ließ es zu, dass er sie über die Schwelle hob. Schneeflockenleicht lag sie ihm im Arm. Ihre Finger verschränkten sich mit seinen. Sie wollte ihn nie wieder loslassen.

In dieser Nacht hatte Kaja zum ersten Mal das Gefühl, dass alles in ihrem Leben richtig war. Anfang und Ende verflochten sich miteinander, bis alles eins war – Trauer und Liebe, Glück und Schmerz.

Wohin ihr Weg führte, blieb ungewiss. Sie würde ihn trotzdem gehen, Schritt für Schritt. Ihrer inneren Stimme folgen, die verdächtig wie das entfernte Heulen eines Wolfs klang.

Und vielleicht würde sie ihm ja eines Tages wieder begegnen.

Begegnung

Cornelia Briesenick

Zwischen den Zweigen entdecke ich dich. Beinahe wärst du meinem Blick entgangen, hätte ich ihn weiter schweifen lassen, ohne dass er an dir hängen geblieben wäre.
Ich ahne deine beeindruckende Erscheinung mehr, als dass ich sie sehe.

Aber du bist da – wahrhaftig. Vollkommen unerwartet erfüllt sich mein Traum, mein so übermächtiger Wunsch, dich zu treffen. Was für ein unbeschreiblicher, wunderbarer Moment.

Es wird mir bewusst, dass mir die Luft ausgeht, denn ich habe den Atem angehalten. Kaum traue ich mich, meine Lungen zu füllen. Zu groß ist die Sorge, ich könnte dich mit dem Geräusch meines Atmens vertreiben. Du stehst dort, nur wenige Meter von mir entfernt – regungslos. Du schaust zu mir herüber, wachsam und konzentriert. Unter deiner Achtsamkeit spüre ich aber auch Gelassenheit, und dies nimmt mir ein wenig von meiner Anspannung. Mir ist, als sei die Zeit angehalten worden, als zähle nur der Augenblick.

Ich atme durch, leise und bedacht. Zuversichtlich, dass du mich und dich, dass du uns noch ein wenig in dieser Ausnahmesituation belassen wirst.

Ich kann deine Nase erkennen. Fast unmerklich öffnen sich deine Nasenlöcher, um sich nach einem ruhigen Atemzug wieder zu schließen. Ganz leicht bläst dein Atem in meine Richtung. Hattest du ihn womöglich auch angehalten? Von einem dünnen Ast löst sich ein kleiner Schneekristall. Direkt vor dir fällt es sanft auf den Boden. Deine Augen, mit einer Farbe, die an Bernstein erinnert, folgen ihm flüchtig, um dann gleich wieder mit aufmerksamem Blick zu mir zurückzukehren.

Deine Ohren – sie richten sich kaum wahrnehmbar aus. Meine Finger haben sich in meiner Manteltasche vergraben und das zerknüllte Bonbonpapier berührt. Hast du tatsächlich das leise Rascheln vernommen? Mir wird bewusst, wie nah wir beieinanderstehen.

Du nimmst Witterung auf und jedes Geräusch. Und du beobachtest.

Du sammelst wertvolle Informationen zu dieser auch für dich überraschenden Begegnung.

Mein Blick sucht zwischen den Zweigen, bemüht, noch mehr von dir zu sehen. Je länger ich in deine Richtung schaue, umso mehr verwandelt sich die anfängliche Ahnung von dir in Gewissheit.

Du wirkst stolz auf mich und selbstbewusst, zugleich auch vorsichtig, jederzeit bereit, den Rückzug anzutreten.

Jetzt wo ich mich traue, wieder Luft zu holen, bin ich offen für meine Gefühle. Ich erlebe mich wie angekommen in einer anderen Welt. Ist dies hier neben mir tatsächlich der in die Jahre gekommene Baumstumpf, auf dem ich oft und gerne sitze und meinen Gedanken nachhänge? Und dort hinten, der schmale Waldweg, der mich beinahe jeden Tag hierher leitet, und den ich verlassen muss, um zwischen Farnen und Moos an meinen vertrauten Ort der Ruhe zu gelangen? Kenne ich nicht jede Biegung? Die etwas schief gewachsene Tanne mit diesem einen kümmerlichen Ast, abgeknickt, weil der Schnee zu schwer für ihn wurde. Sie hat diese kleine Verletzung schon seit ein paar Tagen. Ich sehe mich um, und alles sieht aus wie immer. Mit einer Ausnahme: Ich bin dieses Mal nicht allein.

Ich stehe mitten in meinem Wald, genieße die klare Luft, und völlig überraschend zeigt sich mir das aufregendste und schönste Tier, das ich je gesehen habe.

»Wolfsbegegnungen sind kaum zu erwarten. Der Wolf ist scheu und meidet den Menschen«, lautet die Information von offizieller Seite.

Wie soll ich nun verstehen, wie werten, was mir augenblicklich widerfährt?

Du hältst deinen Kopf ein wenig gesenkt, es scheint, als würdest du mich von unten herauf intensiv mustern. Du lotest wohl aus, was es auf sich hat mit mir.

Die zusammengetragenen Botschaften wirst du vermutlich bereits auswerten. Zu welchem Schluss wirst du kommen? Gibt es so etwas überhaupt in deiner Welt: eine abschließende Bewertung?

Bis jetzt scheint es für mich gut gelaufen zu sein. Du bleibst, wo du bist. Kein Rückzug, keine Panik.

Wie wird sich dies hier weiterentwickeln? Mein Gefühl hat eine eindeutige Meinung: Ich möchte nicht, dass es endet. Ich möchte dieses Erleben konservieren und abspeichern – unauslöschlich.

Als würdest du meine Gedanken lesen, reckt sich dein wunderschöner Kopf ein wenig mehr in meine Richtung. Ich sehe in deine Augen und möchte darin eintauchen – möchte spüren, was du spürst. Ich möchte so viel von dir wissen.

Ja, ich bleibe, obwohl ich allmählich beginne zu frieren. Ich traue mich, den Kragen meines Mantels hochzuschlagen und meine Mütze tiefer über die Ohren zu ziehen, und du lässt es geschehen.

Vertraust du mir? Ist es das, was deine Erkundungen ergeben haben? Kannst du spüren, dass von mir keine Gefahr ausgeht? Ich wünsche mir so sehr, dass ich dich fragen und du mir Antwort geben könntest. Das Verlangen, mehr über dich, Wolf, zu erfahren, ist so unendlich groß. Ich empfinde Wehmut angesichts der Gewissheit, dass mir mein Wunsch nicht erfüllt werden kann.

Unter meiner Mütze schaue ich zu dir herüber, und wieder sehen wir uns in die Augen. Nein, das ist keine Illusion – ich erkenne etwas in deinem Blick, etwas, das mir so vertraut ist und ich …

Völlig unerwartet schleicht sich in diese Stimmung in unser beider gemeinsame Stille, eine leichte Unruhe. Fast zeitgleich heben sich unsere Köpfe. Ich versuche zu ergründen, was uns aufhorchen lässt.

Einige der Zweige, die uns trennen, bewegen sich. Erneut lässt sich eine Schneeflocke auf den Boden sinken und verschmilzt mit der großen Masse auf dem Boden.

Da ist es wieder. Ein Geräusch, gedämpft durch den Schnee – noch fern, kaum wahrnehmbar.

Und das erste Mal, seitdem wir uns trafen, richtest du deinen Körper anders aus, wendest dich ab und gibst den Blickkontakt zu mir auf. Trotz der erneuten Anspannung fühle ich mich überglücklich und möchte es herausschreien: Ja, er vertraut mir. Er weiß, dass er mir vertrauen darf.

Ich schaue über deinen prächtigen, graubraunen Rücken, den eine feine Schneeschicht bedeckt, folge deinem Blick – und erstarre. Dort hinten, zwischen den jungen Tannen und Fichten nähert sich eine kleine Gestalt.

Du hebst deinen Kopf, legst ihn zurück und ein Ton, der mir durch Mark und Bein geht, entringt sich deinem Körper. Du heulst dein Wolfsheulen, freudig will es den Neuankömmling begrüßen. Der kleine Wolf bleibt stehen, nur kurz, um sich im nächsten Augenblick erneut in Bewegung zu setzen. Verhalten erst, dann eilig.

Und gleich dahinter folgt ein zweiter, dann ein dritter. Die beiden Jungwölfe bemühen sich, nicht den Anschluss zum ersten zu verlieren. Unbekümmert traben sie heran; die Forschheit des ersten sowie deine Begrüßung lassen sie sich sicher fühlen.

Der erste hat dich erreicht und springt übermütig an dir hoch, stupst dich an, leckt dir die Mundwinkel. Die beiden anderen treffen fast zeitgleich ein und tun es dem ersten nach. Die Freude ist groß und die Ruten wedeln heftig, während du sie gewähren lässt.

Deine Ohren sind leicht zurückgenommen, dein buschiger Schwanz bewegt sich fröhlich.

Ich fühle mich wie berauscht. Diese Begegnung erhält eine neue Dimension. Mir wird klar, dass ich dein Vertrauen erworben haben muss. Nie hättest du ansonsten zugelassen, dass dein Nachwuchs sich dir nähern und ich bleiben darf.

Als hätte ich meine Gedanken laut ausgesprochen, drehst du deinen Kopf zu mir. Ruhig und entspannt – einig mit dir, dass du die richtige Entscheidung getroffen hast.

Nein, sagt mein Blick. Nein, ich werde dich nicht enttäuschen. Ich nehme voller Demut dieses Geschenk von dir an.

Ich traue mich, meine Position zu ändern. Langsam nehme ich auf dem Baumstumpf Platz und stecke die klammen Finger in die Manteltasche. Ich spüre die eisige Kälte nicht mehr, denn eine wohlige Wärme breitet sich in meinem Herzen aus. Meine Flucht vor dem Trubel, den das heute endende Jahr wie üblich verursachen wird und den ich inzwischen so schlecht ertragen kann, hat ermöglicht, dass ich so reich beschenkt werde. Der kräfteraubende Alltag eines hektisch geführten Lebens erscheint mir in weite Ferne gerückt. Ich schließe kurz die Augen und atme tief durch.

Unterdessen haben mich die jungen Wölfe entdeckt. Die drei stehen dicht beieinander und es kommt mir vor, als blickten sie mich staunend an. Die noch kindlich wirkenden Gesichter lassen mein Herz einen Sprung tun. Einen gewaltigen Sprung – weg von den Grübeleien.

Der kurze Ausflug in die Welt da draußen tritt immer weiter in den Hintergrund. Die alltäglichen Sorgen werden zur Nebensache. Ich bin vollends im Hier und Jetzt angekommen.

Die Frage nach dem Warum, wo der Sinn dieser Begegnung liegt, hat sich für mich beantwortet. Die tiefe Sehnsucht nach einer Welt in Ruhe und Frieden, die schon so lange in mir lebt, wird heute gestillt. Endlich fühle ich mich ruhig und entspannt, eins mit der Natur, als ein Teil von ihr.

Intuitiv habe ich mich in der Vergangenheit immer häufiger aufgemacht, um in der Natur das zu finden, was mich aufheitert und erfreut. Diesem Waldspaziergang sind unzählbar viele vorausgegangen.

Ich schließe die Augen und erinnere mich an viele glückliche Jahre, in denen mein Hund mein Begleiter sein durfte.

Gemeinsam streiften wir endlos herum, besuchten kleine Seen und weite Felder. Keine Wiese war jemals sicher vor uns. Pausen waren da, um zu schmusen und gemeinsam den Himmel zu betrachten. Stille, gelegentlich durchbrochen von Vogelgezwitscher und dem protestierenden »Gö-Göck« eines aufgeschreckten Fasans im hohen Gras. In einem Winter wie diesem tollten wir zwei gemeinsam im tiefen Schnee. Regen, egal in welcher Intensität, war für uns keinesfalls ein Hindernis, das gemeinsame Draußen zu genießen. Ich weiß noch, wie oft ich dachte, dass dies das pure, unverfälschte Glück sein müsste.

Mehr brauche ich nicht, habe ich dann festgestellt. In den Augen meines Hundes sah ich, dass er genauso empfand.

Und nun habe ich in deine Augen gesehen, Wolf.

Du wurdest vertrieben vor so langer Zeit. Man hat dich gejagt, gehetzt, verleumdet, und schließlich warst du für viele Regionen dieser Welt verloren. Du aber hast nie aufgegeben, hast dich selbstbewusst gegen die Verfolgung zur Wehr gesetzt. Hast dich und die Deinen verteidigt, wenn es dir sinnvoll erschien, und bist geflohen, wenn dies die bessere Wahl war. Zahllose Verluste säumen diesen Weg, aber du bist zurückgekommen. Du bist wieder da. Deine Klugheit, deine Kraft und Ausdauer haben dich zurückgebracht.

Hast du eine Botschaft für uns dabei? Es wird sich lohnen, darüber nachzudenken. Wir können von dir lernen, wenn wir es denn zulassen.

Ich verabschiede mich von dir, von dir und deinen Jungen. Leise ziehe ich mich zurück.

Noch einmal versenken sich unsere Blicke ineinander. Ich fühle mich jetzt so lebendig und zuversichtlich. Ich gehe zurück in meine Welt und weiß, dass nun, wenn auch nicht alles, so doch vieles anders sein wird. Ich spüre die tiefe Klarheit in mir, die mir so lange gefehlt hat. Ich werde meiner Intuition das Vertrauen schenken, das sie verdient, und ich werde kraftvoll für das einstehen, was mir wichtig ist. Wann immer ich im Zweifel bin und Unterstützung benötige, werde ich an dich denken.

Du bist für immer in meinem Herzen.

Bruder Wolf

Birgit Schmidt

Die Eisnadeln stachen in sein Gesicht. White Wolf versuchte sich tiefer abzuducken, aber der Wind kam aus allen Richtungen. Wie der weiße Mann es früher getan hatte, als er seine Familie gnadenlos in den Winter jagte, um die schmähliche Niederlage Custers zu sühnen. Er zog die Decke noch enger um die Schultern und fühlte den müder werdenden Tritt seines Pferdes zwischen den Schenkeln. Der Pfad seiner Vorfahren, der sie von der großen Ebene in das Land des brodelnden Wassers führen sollte, war für ihn kaum mehr erkennbar. Der Überhang im Felsen, wenige Pferdelängen voraus, würde ihnen vor dem Blizzard Schutz für die Nacht gewähren. Er bedeutete seinem Bruder Running Antelope und dessen Sohn Two Moons, auch abzusteigen, und versank neben seinem Braungefleckten fast bis zu den Oberschenkeln im Schnee. Unter dem Felsvorsprung, der den Eingang in eine größere Höhle verbarg, fanden ihre Ohren und Augen endlich Gnade vor dem Tosen des Schneesturms. Running Antelope entflammte die wenigen Zweige, die der Wind in einer Höhlenecke für sie gesammelt hatte. Er reichte seinem Bruder die Hälfte des restlichen Dörrfleisches, die andere teilte er mit seinem halbwüchsigen Neffen. Two Moons hatte viele Fragen auf der Zunge, aber die Erwachsenen aßen schweigend.

Wie Perlen an einer Kette kletterten die sieben Wölfe den Berg hinauf, jeder nutzte die Spur des vorderen. Der dunkelgraue Familienvater führte sie im dichten Schneetreiben geradewegs zum Kamm, dort verharrte er einen Moment mit Blick zurück auf seine fünf Jungspunde, die erst einen Sommer kannten und doch schon beinahe so groß waren wie ihre Mutter, eine fast weiße, zierliche Wölfin, die als Letzte den Hang hochstieg und mit dem rechten Hinterlauf leicht hinkte. Ihre Verletzung stammte von dem Geweih des Hirsches, den sie vor drei Tagen vereint niedergerungen hatten. Die Familie war satt geworden, aber die nächste Jagd würde schwieriger werden; die Jungen waren noch zu unerfahren, um dem Vater verlässlich helfen zu können.

Das Feuer verlosch und das Dunkel in der Höhle griff mit feuchten Fingern nach ihnen, aber die tosende Schneegewalt der Außenwelt hatte keinen Zutritt. Two Moons lauschte auf die gleichmäßigen Atemzüge der Erwachsenen. Mit geschlossenen Augen sah er den ängstlichen und zugleich hoffenden Blick seiner Mutter bei ihrem Abschied vor sieben Sonnen. Sie hatte seine beiden kleinen Schwestern an der Hand gehalten und es nicht geschafft, ihre Tränen vor ihm zu verbergen. Sie brauchten dringend einen Jagderfolg, ein Bison würde Nahrung und Wärme spenden, ein Hirsch sie zumindest sättigen, sonst würde die Familie den Winter nicht überleben. Er war stolz, dass sein Vater ihn mitgenommen hatte, aber seine Zweifel, ob sie es schaffen konnten, wuchsen mit der Stärke des Sturmes und raubten ihm den Schlaf.

Der Leitwolf spähte über seinen buschigen Schwanz, in den er die Schnauze gesteckt hatte. Sein Nachwuchs war verschwunden. Er sah auf und horchte in das Schneegestöber – nichts. Er stand auf, schüttelte den Schnee ab, streckte sich und hielt die Nase in den Wind – nichts. Er drehte sich auf der Stelle, legte den Kopf in den Nacken und witterte in alle Richtungen – nichts. Schließlich rief er sie mit einem lang gezogenen Heulen.

In der kalten Höhle packte White Wolf ihre Habseligkeiten für den Aufbruch in der Morgendämmerung. Das Schneetreiben war noch dichter geworden, aber der Sturm hatte an Stärke verloren, sodass er das entfernte Heulen vernahm. Er hielt kurz inne und sah Two Moons unsicheren Blick.

»Wir sind nicht allein.« Seine Stimme klang bestimmt.

Running Antelope nickte. »Sie sind Jäger wie wir.«

Two Moons Herz schlug ruhiger.

White Wolf sprang mit einem Satz auf sein Pferd, zog die schwere Decke schützend über seinen Kopf und ritt voran.

Die Ausreißer kamen im Pulk zurück. Sie begrüßten ihre Eltern schwanzwedelnd, leckten ihnen die Schnauzen, tollten um sie herum, führten wilde Tänze auf und taten alles, um sie freundlich zu stimmen. Die Mutter beendete das chaotische Treiben als Erste und gab das Signal zum Aufbruch. Die Familie kam aus dem Schutz der Baumgruppe hervor, zog auf dicken Pfoten mühelos einen sanft geschwungenen Hügel hinab und nahm zielgerichtet die Spur einer Herde Wapitis am Ufer des fast zugefrorenen Flusses auf.

Running Antelope hielt den Hellbraunen auf einer kleinen Anhöhe an und wies mit dem bunt bemalten Bogen in seiner Linken nach Süden. »Dort sind sie.«

White Wolf machte die sechs grauen Punkte, die sich im Halbkreis bewegten, nur mit Mühe aus. Sie trieben einen älteren Hirschbullen von seiner Gruppe weg in felsenreiches, aufsteigendes Gelände. Ein zierlicher, weißer Wolf, der leicht hinkte, verhinderte geschickt, dass der Bulle wieder Anschluss an die anderen fand.

»Jetzt haben sie ihn gestellt!«

Two Moons beobachtete gespannt die Szene. »Wer von ihnen wird ihn töten?«

White Wolf führte sie einige Pferdelängen näher und hielt an. »Siehst du das große Geweih? Das ist gefährlich für sie.«

Running Antelope zog langsam einen Pfeil aus dem Köcher. »Es sind nur zwei ausgewachsene Wölfe. Einer ist verletzt und die Jungen haben noch nicht viel Erfahrung.«

White Wolf blickte seinen Sohn streng an. »Du wartest hier.«

Er und Running Antelope sahen sich an, nickten einander zu und ritten hinab.

Der Dunkelgraue bemerkte die Menschen als Erster. Er gab ein kurzes, warnendes Bellen von sich. Seine Partnerin schien augenblicklich mit dem Schnee zu verschmelzen. Die Jungen wussten nicht, ob sie bleiben oder fliehen sollten. Erst als der Vater nochmals warnte, zogen sie sich mit ihm in das felsige Geröll zurück. Der Wapitibulle schien gerettet, doch als er sich umdrehte, trafen ihn die tödlichen Pfeile.

White Wolf winkte seinem Sohn, zu ihnen zu stoßen. Er stieg vom Pferd und nickte zufrieden. »Er wird uns über die nächsten Tage bringen.«

Running Antelope begann sofort, den Hirsch zu zerlegen. Als Two Moons die beiden erreichte, hielt er schon seinem Bruder die Leber entgegen. Die einzelnen Fleischstücke wurden von Vater und Sohn verpackt.

»Das reicht.« White Wolf richtete sich auf.

Two Moons schüttelte den Kopf. »Aber wir haben doch erst die Hälfte!«

White Wolf sah seinen Sohn bestimmt an. »Die andere lassen wir den Wölfen.«

»Wieso das?«

»Weil sie uns geholfen haben.«

»Aber wir haben ihn getötet.«

»Und sie haben ihn für uns gestellt.«

Two Moons Blick suchte seinen Onkel. Running Antelope blickte ihm ernst in die Augen. »Sie sind Jäger wie wir.« Mit diesen Worten schwang er sich auf das Pferd.

White Wolf deutete nach Südwesten. »Lasst uns in das Tal der wasserspeienden Erde reiten. Dort werden wir Bisons finden.«

Die Sonne lugte ein wenig durch die tiefen Wolken, als die drei weiterzogen.

Die Wolfsfamilie hatte aus der schützenden Deckung heraus den Indianern bei der Arbeit zugesehen. Jetzt trauten sie sich wieder hervor, erst zögernd, aber als die Mutter vorauslief und sich kurz auffordernd umblickte, rannten sie zum Hirschkadaver und machten sich über die verbliebene Hälfte her. Als der Vorhang der Nacht fiel, waren sieben Wolfsmägen gut gefüllt.

Two Moons riss ungläubig die Augen auf. Dampf und Wasser schossen aus dem Schlund der Erde höher als die Spitze eines Tipis. So etwas hatte er noch nie gesehen. Schon auf dem Weg hierher hatte er über das heiße Wasser zwischen Eis und Schnee gestaunt. Sein Vater erklärte ihm, dass sie jetzt das Land des brodelnden Wassers betraten, von dem die Ahnen am Lagerfeuer erzählt hatten. Hier hofften sie, Bisons zu finden, die ihre Familien über den Winter bringen würden.

Zwei gelbe Augenpaare beobachteten wachsam die drei Reiter. Vater und Mutter waren mit ihrem Nachwuchs den Menschen, die ihnen einen Teil des Wapitis überlassen hatten, in sicherem Abstand gefolgt, nur von ihrer guten Nase und den feinen Ohren geleitet, . Während die Jungen sich beim Spiel vergnügten, auf der gefrorenen Schneedecke einen Abhang hinunterrutschten, sich gegenseitig jagten und vergeblich versuchten, Mäuse unter dem tiefen Schnee zu fangen, leckte der Dunkelgraue seiner Partnerin den schmerzenden Hinterlauf. Dann rollten sie sich dicht nebeneinander zusammen und schliefen.

White Wolf lenkte seinen Braungefleckten vorsichtig zwischen den Geysiren hindurch, keine Bewegung aus der Tiefe der Erde entging ihm. »Bleib hinter mir«, wies er seinen Sohn an, aber seine Warnung kam zu spät.

Two Moons Pferd scheute vor dem plötzlich hochschießenden Wasser, stellte sich steil auf die Hinterbeine und der Unvorsichtige landete in einem hohen Bogen im sprühenden Regen.

»Aaarrrr!«

Sein Schmerzensruf ließ den Vater sofort vom Pferd springen. Er warf seinem Bruder die Zügel zu und zog blitzschnell seinen Sohn aus der Gefahrenzone. Two Moons kleine, weiß-braun gefleckte Stute sprang panisch zur Seite, sackte in den Schneewehen ein und blieb dann unsicher stehen. Running Antelope näherte sich dem verstörten Tier langsam und nahm seine Zügel ruhig in die Hand. Sie durften auf keinen Fall eines der Pferde verlieren.

White Wolf betrachtete mit dunkel umwölkter Stirn die Verbrühungen am Kopf und an den Händen seines Sohnes. Er legte wortlos Schnee auf die Stellen. Obwohl er große Schmerzen hatte, traute sich Two Moons kein Wort zu sagen. Er wusste genau, dass er leichtsinnig gewesen war und mit seinem Übermut und seiner Neugierde ihre Mission in ernsthafte Gefahr gebracht hatte.

»Wir gehen unter die Bäume dort oben. Da haben wir einen guten Blick über das Tal.« White Wolf half seinem Sohn auf die Stute, sprang selbst auf sein Pferd und ritt voran.

Am Rande des kleinen Waldstückes machten sie die Pferde im Schutz der Bäume fest. Die Dämmerung verdunkelte langsam das Tal. Running Antelope entzündete ein Feuer und holte das Fleisch des Wapitis hervor.

Two Moons schüttelte den Kopf. »Ich mag nicht.«

White Wolf drückte ihm ein Stück Fleisch in die Hand. »Mein Sohn muss essen. Er wird Kraft brauchen.«

Nach wenigen Bissen zog Two Moons erschöpft die Decke über sich und fiel in einen unruhigen Schlaf.

Running Antelope deutete über die knisternden Flammen in das Tal hinab. »Sie sind uns gefolgt.«

White Wolf legte einen weiteren Zweig ins Feuer. »Es sind die Jungen. Was machen sie allein an den heißen Wassern?«

Sein Bruder schüttelte den Kopf. »Sie wissen nicht, was sie tun.«

Der hellgraue Jungwolf war nicht nur der größte, sondern auch der vorwitzigste der Geschwister. Er näherte sich als Einziger dem dampfenden Wasser, das blubberte und schwappte. Die anderen waren auch neugierig, hielten aber respektvollen Abstand. Eine heiße Fontäne schoss in die Höhe und ein kochender Regen erwischte ihn. Jämmerlich winselnd und mit eingeklemmter Rute schlich er hinter seinen Schwestern und Brüdern zurück zu den Eltern. Die Mutter leckte ihrem zerknirschten Sprössling den schmerzenden Kopf, dann rollte sich die Familie zur Nacht zusammen.

White Wolf konnte sich ein leises Lächeln nicht verkneifen. »Junge Wölfe und junge Shoshonen müssen noch viel lernen.«

Sein Bruder nickte. »Übermütig und unvorsichtig. So sind die Jungen.«

»Wie wir vor vielen Monden.«

»Waren wir?«

White Wolf deutete auf die breite Narbe an Running Antelopes rechten Arm. »Erinnert sich mein Bruder nicht mehr an den Grizzly?«

»Running Antelope wird nie vergessen, dass sein Bruder ihn gerettet hat.« Er reichte ihm noch ein Stück Wapitifleisch.

White Wolf steckte es in den Mund. Er kaute langsam und bedächtig. »Mein Sohn ist wie ein junger Wolf. Wir könnten ihn auch Young Wolf nennen.« Er fasste an Two Moons heiße Stirn. »Das Fieber hat seinen Körper gefangen.«

Running Antelope legte noch etwas Schnee auf die glühende Stirn seines Neffen. »Ich halte zuerst Wache.«

Eine hohe Wassersäule schoss vor ihm empor. Sie kam immer näher. Two Moons wollte wegreiten, aber sein Pferd befand sich nicht mehr zwischen seinen Schenkeln. Er drehte sich um und stand vor einem wasserspeienden Grizzly, aus dessen Schnauze, Nase und Ohren dampfendes Wasser hervorschoss. Der gewaltige Bär erhob sich auf die Hinterbeine und aus den Pranken quollen glühende Wasserfälle. Er ging nach rechts und stand vor einem Bison, der aus seinen Nüstern Wasserdampf blies. Er wollte weglaufen, aber seine Füße klebten am Boden. Plötzlich tat sich die Erde unter ihm auf. Er fiel in die Tiefe, und während er stürzte, sah er an den Wänden die Gesichter seiner Ahnen. Zwischen ihnen kamen überall Wasserfälle aus den Felswänden und er fürchtete sich, auf dem Grund anzukommen. Das Rauschen der Wasser wurde immer stärker. Würde er verbrennen oder ertrinken? Warum half ihm keiner seiner Vorfahren? Die Augen unter ihren weißen Haaren blickten freundlich und interessiert, aber kein Arm streckte sich aus, um ihn zu halten, ihn aufzufangen und zu retten. War das sein Weg zum großen Geist? Sein Fallen schien kein Ende zu nehmen und es wurde immer dunkler.

Die menschlichen Gesichter verschwommen langsam, dann sah er vornüber auf den dunklen Boden der Höhle. Aus der Schwärze der Erde kamen ihm die Gesichtszüge eines hellgrauen Wolfes entgegen. Kein Wasser oder Dampf strömte aus seinen Augen, Nase oder Mund. Er schaute ihn freundlich an. Two Moons empfand keine Angst mehr. Er streckte die Hände aus, konnte ihn aber nicht berühren. Der Wolf hob ihn wieder in die Höhe, an den faltigen Antlitzen seiner Ahnen vorbei. Der Weg zurück schien unendlich weit. Dann war das Rauschen verstummt, stattdessen hörte er ein lang gezogenes Heulen aus der Ferne.

Einer nach dem anderen fiel in den heulenden Gesang ein. Dann brach die Wolfsfamilie auf und folgte der Spur der Bisons. Der dichter werdende Nebel ließ sie fast unsichtbar werden. Die Jungen blieben jetzt ganz nahe bei ihren Eltern, um sie nicht zu verlieren.

Two Moons schlug langsam die Augen auf. »Wo ist er?«
White Wolf nahm die Hand von der Stirn seines Sohnes. Sie war kühl.
»Wo ist wer?«
»Der Wolf!«
»Welcher Wolf?«
»Der mich gerettet hat!«
White Wolf schüttelte den Kopf. »Du hast im Fieber gelegen.«
»Ein hellgrauer Wolf hat mich aus der Höhle vor dem Wasser gerettet.«
»Das war ein Fiebertraum. Two Moons hat sich hin und her gewälzt und wirr gesprochen.«
»Habt ihr nicht das Heulen gehört?«
Running Antelope nickte. »Das waren die Wölfe, die uns gefolgt sind. Sie waren in der Nacht unten im Tal.«
Two Moons setzte sich auf. Sein Blick war klar. »Er hat mich beschützt wie ein Bruder.«
»Wer?«
»Der Hellgraue.«
White Wolf sah ihn prüfend an. »War er alt?«
»Nein, jung war er, ich bin sicher.«
White Wolf blickte zu seinen Bruder. Running Antelope nickte zustimmend.
»So wird es sein. Wir sollten aufbrechen.«

Nebel und Schnee ließen die kleine Bisonherde wie Geister aus einer anderen Welt aussehen. Selbst die feinen Ohren der Wölfe vermochten kaum ein Schnauben der Kolosse zu vernehmen. Doch ihre unbestechlichen Nasen witterten die Beute. Sie umkreisten die mächtigen Gestalten elegant und geschmeidig auf langen Beinen, näherten sich einem abseits Stehenden blitzschnell, prüften seine Aufmerksamkeit – stets sprungbereit, um sich vor den tödlichen Hörnern in Sicherheit zu bringen. Der Kampf hatte begonnen.

»Two Moons kann nichts sehen. Der Nebel ist viel zu dick.«

»Mein Sohn braucht Geduld.«

»Wie sollen wir die Bisons finden, wenn wir sie nicht sehen können?«

White Wolf stieg vom Pferd und deutete auf die Abdrücke im Schnee. »Sieh hier. Die Wölfe sind uns voraus. Sie werden sie für uns aufspüren.« Er zog die Schneeschuhe an. »Wir gehen zu Fuß weiter. Dann verlieren wir die Spur unserer Brüder nicht.«

Das dichte Fell des Bisons war von einer dicken Schicht Schnee bedeckt, die ihn wie eine weiße Wolldecke umhüllte. Eiszapfen hingen an den Nüstern, seine Hufe suchten mühsam Halt auf dem unebenen Boden unter der Schneedecke. Die Verfolger kamen schnell vorwärts, waren einmal hier und plötzlich da. Der alte Bulle versuchte verzweifelt, Anschluss an seine Familie zu halten, aber die Wölfe waren immer um ihn herum. Auch wenn er nicht mehr alles sehen konnte, seine Erfahrungen aus vielen Wintern ließen ihn für einen unvorsichtigen oder übermütigen Wolf gefährlich bleiben. Ein Stoß mit den Hörnern, ein Tritt mit dem Huf und er wäre einen lästigen Angreifer los.

Das missmutige Krächzen des Raben wurde gedämpft durch die Nebelschwaden. Der schwarz gefiederte Richter des Tanzes der Wölfe mit dem Bison saß hoch oben auf einem versteinerten Baum und bemerkte als Erster die Ankunft der zweibeinigen Jäger. Sein Anteil an der Beute würde kleiner werden, wenn sie nicht weiter zogen. Der kehlige Laut wurde durchdringender, energischer. Haut bloß ab, hier gibt es nichts für euch, schien er ihnen sagen zu wollen.

Running Antelope blickte zu dem Rabenvogel hinauf. »Wir sind jetzt ganz nah. Sie müssen hier sein. Macht euch bereit.«

Sie schnallten ihre Schneeschuhe ab und stiegen wieder auf die Pferde, Pfeil und Bogen im Anschlag. Inmitten der heißen Dämpfe aus der Erde und den Nebelwolken erblickten sie für einen kurzen Augenblick die geisterhafte Gestalt des mächtigen Bisonbullen, dann ihre vierbeinigen Jagdgenossen, die ihm keine Ruhe gönnten. Wie die Blitze eines Traumes wechselten die Szenen zwischen den tödlichen Gegnern. Nur der Schwarzgefiederte hatte von seinem Wachposten aus alles im Blick. Sein heiserer Gesang begleitete den Bison in die andere Welt.

Ihre Köcher waren fast leer, als sich der Büffel nicht mehr erheben konnte. Sie waren von ihren Pferden abgestiegen und warteten respektvoll auf seinen letzten Atemzug. Running Antelope dankte dem Großen Geist für seinen Beistand und zerlegte mit seinem Bruder den gewaltigen Bullen. Es dauerte fast bis zum Abend, bis sie die vielen Fleischpakete, aber auch das Fell und Teile der Knochen und Sehnen verpackt hatten. Die Wolfsfamilie beobachtete sie aus sicherer Entfernung, doch nicht ganz verborgen.

White Wolf sprang auf sein Pferd. »Wir reiten zu dem Wald zurück und bleiben dort für die Nacht. Morgen werden wir zu unseren Familien zurückkehren.«

Two Moons sah zu dem hellgrauen Jungwolf, und er erkannte in ihm den Wolf aus seinem Traum. Er nahm ein großes Stück Fleisch, ging einige Schritte in seine Richtung, hob es in die Höhe und legte es dann achtvoll nieder. »Der Rest des Bisons ist für dich, mein Bruder, und für deine Familie.«

Running Antelope nickte. »Two Moons hat verstanden.«

»Two Moons möchte sich jetzt Young Wolf nennen.«

White Wolf blickte zufrieden auf seinen Sohn hinunter.

»So sei es, Young Wolf.«

Die Nebel hatten sich unmerklich gehoben, als die drei den Bison verließen. Die Wolfsfamilie sah ihnen kurz nach und kam endlich zu ihrer wohlverdienten Mahlzeit.

Der schwarze Wächter krächzte zufrieden von seinem Beobachtungsposten herunter. Auch er würde seinen Anteil bekommen.

Der Mondpfad

Henrike Staudte

Zunächst waren nur zwei spitze, dicht behaarte Ohren zu sehen. Wie aus dem Schnee gewachsen, sondierten sie die Umgebung. Die Wölfin fühlte sich nicht wohl, so nah an der Behausung eines Menschen, aber schon seit Tagen zog es sie immer wieder hierher, hinter diesen Hügel, der ihr Deckung gab und sie im Stillen lauschen ließ. Sie horchte auf die Geräusche, welche aus einer zarten Menschengestalt kamen und die sie auf eine seltsame Art und Weise berührten. Manchmal klangen sie laut und klagend, erinnerten an das Heulen einer einsamen Wölfin, dann wieder unterdrückt und leise, wie das Glucksen eines steinigen Bächleins. Von Zeit zu Zeit bebte der Körper, schlussendlich fiel die Menschenfrau einfach in sich zusammen und blieb im Schnee liegen. Auch heute wollte die Wölfin einen Blick erhaschen und hob langsam den Kopf, stets auf der Hut und nur so weit, dass die runden, schwarzen Pupillen bis zur Hälfte über die Schneekante ragten. Keine Bewegung war zu sehen, nur ein zusammengekauerter Haufen auf einer Holzbank vor der Hütte.

Adele hatte sich in eine dicke, rote Wolldecke gehüllt und trotz der morgendlichen Kälte ihr Häuschen verlassen. Sie blickte stumm vor sich hin und versank in dem unendlichen Weiß, während eine tiefschwarze Dunkelheit ihr Innerstes erfüllte. Die Hütte ihrer Großmutter war der einzige Ausweg. Hier konnte sie allein sein, niemand quasselte sie voll, gab gute Ratschläge oder sah sie mitleidig an. Denn was hätte es genützt? Es war aus und vorbei. Wie ein Schneesturm hatte die Affäre ihres Mannes mit einer jüngeren Frau zwanzig gemeinsame Jahre hinweggefegt, urplötzlich und unerbittlich. Und damit auch ihr ganzes Leben. Erneut stiegen Tränen in ihr auf, rannen über ihre kalten Wangen und tropften auf die Decke. Sie fühlte sich alt, hässlich und abgelehnt, einfach ausrangiert und durch ein neues, schönes Spielzeug ersetzt. Alles würde sie nun verlieren, nicht nur den Mann an ihrer Seite, sondern auch ihr Heim, ihre Arbeitsstelle und ihre Freunde. Um nichts in der Welt wollte sie dorthin zurück. Sie mochte nichts in ihrer Nähe haben, das sie an die vergangene Zeit erinnerte. Ich werde alle Wurzeln, die ich jemals geschlagen habe, herausreißen, dachte Adele und fühlte neben der Trauer eine unbeschreibliche Wut, die zerstörerischer nicht sein konnte und die sie nun aufspringen und in die Hütte eilen ließ.

Die Wölfin zuckte zusammen und sprang ebenfalls auf. Blieb aber in geduckter Haltung stehen, um ihre Deckung nicht aufzugeben. Bevor sie davonlief, warf sie noch einen Blick zurück. Durch die Drehung des Kopfes spannte sich ihre Halsmuskulatur an und ließ einzelne hellgraue Fellbüschel aus dem dichten Pelz herausragen. Ihre gelben Augen leuchteten wie Bernstein in der Sonne und aus ihrer Nase dampfte heißer Atem, der sich geisterhaft im Nichts verlor.

Geister – das war das richtige Wort. Die Menschenfrau schien von Geistern besessen zu sein. Dämonen der Vergangenheit, die mit ihr spielten und sie wie einen alten, abgenagten Schädel hin und her warfen. Mal ließen sie die Frau in die Traurigkeit, mal in die Wut hineinfallen. Sie war eine Gefangene. Nun kannte die Wölfin ihre Aufgabe. Schon seit Tausenden von Jahren verband sich der Geist des Menschen mit dem des Wolfes. Er wurde gerufen, wenn es um die Freiheit ging. Dabei war es egal, ob er im Reich der Mongolen für die Befreiung der Seelen Verstorbener sorgte oder auf anderer Ebene den Menschen dabei half, sich aus einengenden Gedankenmustern zu befreien. Der Schlüssel bestand darin, einen Zugang zu finden, eine Tür zu öffnen und, in diesem Fall, das Innerste dieser Menschenfrau zu berühren. Die Wölfin richtete ihre von hellem Fell umrahmten Augen nach Osten und trabte der Sonne entgegen, die bereits zwischen den Bäumen hindurchschien und den Boden des Winterwaldes in ein glitzerndes Meer verwandelte. Feine, goldene Pigmente tanzten in der Luft und stoben auseinander, sobald die Wölfin ihren Weg kreuzte.

Adele nahm von all der Pracht nichts wahr. Etwas anderes trieb sie umher, hetzte sie vorwärts und ließ sie nicht zur Ruhe kommen. Deshalb hatte sie sich gleich nach dem Frühstück, das aus einer Tasse Kaffee und einem aufgewärmten, trockenen Brötchen bestand, warme Kleidung und gefütterte Gummistiefel angezogen. Sie musste laufen. Das Laufen half, es beruhigte die Gedanken, denn so schön die kleine Hütte auch war, fühlte sie sich darin plötzlich beengt. Die Holzhütte stand mitten im Wald, völlig allein, und verfügte weder über Strom noch fließendes Wasser oder eine Toilette. Lediglich ein breites Holzbett, das bei jeder Bewegung knarzte, ein Ofen, ein schmaler Tisch und zwei Klappstühle bildeten das Inventar. Mehr hatte es zu jener Zeit auch nicht gebraucht, als ihre Großmutter einen Forstangestellten geliebt hatte, den sie regelmäßig hier traf. Kurz bevor er zum Kriegsdienst eingezogen wurde, schenkte er seiner Geliebten diese Klause, und sie war das Einzige, was ihr von ihm blieb. Er kehrt niemals zurück. Anstelle von liebestrunkenen Seufzern erfüllte Jahre später übermütiges Kinderlachen die modrige Atmosphäre. Adeles Oma hielt das Häuschen in Ehren und unternahm mit ihren Töchtern und später auch mit ihren Enkelinnen Ausflüge hierher. Aber auch wenn die Mädchen sie noch so anflehten, eine Übernachtung war ausgeschlossen.

Sogleich füllten sich Adeles Augen mit Tränen, als sie an diese unbeschwerte Zeit im Wald zurückdachte. Sie schlief in einem Liebesnest ohne Liebe. Keine Arme, die sie umfassten, keine Worte, die sich zu ihrem Herzen schlängelten, keine Küsse, die ein feuriges Rot auf ihre Lippen zauberten, und kein fröhliches Geflüster, das von Vertrautheit und einer tiefen Verbindung zeugte. Stattdessen Kälte, die den Atem gefrieren und die Finger so steif werden ließ, dass sie beinahe ihren Tabak verstreut hätte. Mühsam drehte sie sich die Zigarette, sog den Rauch bis in die verborgensten Winkel ihrer Lunge ein und blies ihn wieder aus.

In einigen Metern Entfernung hob die Wölfin ihren Kopf, reckte die Nase in den Wind und nahm einen vertrauten Geruch wahr. Der heilige Tabak, mit dem Naturvölker den großen Geist ehrten, die Krafttiere riefen und ihr Bewusstsein erweiterten, drang auch in sie ein, und sie wusste, dass jetzt die Zeit gekommen war, mit der Menschenfrau in Kontakt zu treten.

Sie ließ den sonnigen Wintertag verstreichen und begab sich in der folgenden Nacht im Schutz der Dunkelheit wieder in die Nähe der Hütte.

Die Matratze ächzte, als sich Adele auf die andere Seite warf. Ihre Augen waren fest geschlossen, bewegten sich aber unruhig unter den Lidern hin und her. Eine dunkelgraue, fast schwarze Wölfin stand am Waldrand und blickte sie durchdringend an. In ihrem gewölbten Bauch rührte sich etwas. Dann war die Erscheinung verschwunden.

Adele erwachte schwer atmend und rief: »Was?« Die Wölfin wollte ihr irgendetwas sagen.

Adele kletterte mühsam aus dem Bett, hängte sich die Bettdecke um die Schultern und schlüpfte in die gefütterten Gummistiefel, die am Ofen wohlig warm standen. Sie brauchte frische Luft, stieß die Hüttentür auf und stapfte hinaus. Der Mond war zu einer dünnen Sichel geschrumpft und hätte es ohne das Weiß des Schnees nicht geschafft, auch nur einen Hauch von Licht in die Finsternis zu zaubern. Aber so reichte der fahle Schein aus, um wenigsten die nähere Umgebung erahnen zu können. Adele atmete mehrmals tief ein und aus. Sie wollte die Eingeengtheit loswerden, die ihr die Brust zuschnürte. Die Augen der Wölfin gingen ihr nicht aus dem Kopf. Was wollte sie mir nur sagen?, dachte sie erneut.

Plötzlich erklang ein lang gezogenes Heulen, eine melancholische Melodie, die Adele ins Herz drang, die Enge sprengte und alles auslöschte. Nichts war mehr wichtig, weder die Vergangenheit noch die Zukunft, sondern allein die Sehnsucht, welche nun aus ihrem Innersten sprach. Sie sehnte sich nach Freiheit, einer Freiheit, die alle Fesseln sprengte und dennoch alles umspannte. Sie wünschte sich, dass die Freude in ihr Leben zurückkehrte. Zaghaft hob sie die Hände an den Mund. Sie versuchte, wie ein Wolf zu heulen, aber es klang eher nach einem jämmerlichen Jaulen, das sie erschreckte und sogleich verstummen ließ.

Die Wölfin kniff die Augen zusammen. Sie sah mehr, als die Menschen sehen konnten. Sie beobachtete, wie die Energie des abnehmenden Mondes die Geister der Vergangenheit mit sich zog und wie die Seele der Wölfe das Bewusstsein der Menschenfrau durchdrang. Sie hatte den Zeitpunkt perfekt gewählt und leckte sich zufrieden über die schwarze Nase. Nun stand die Tür offen und es lag an ihr, Adele, den Mondpfad zu beschreiten. Wenn sie diesem Pfad folgte, würde er sie zu innerer Freiheit führen. Die Wölfin hatte ihre Aufgabe erfüllt.

Am nächsten Morgen fühlte sich Adele leicht und beschwingt. Lebendigkeit war in ihre Augen zurückgekehrt. Sie dachte immer noch an die Wölfin und das Geheul der letzten Nacht. Erst jetzt wurde ihr bewusst, dass in dieser Gegend Wölfe lebten und sie ganz in ihrer Nähe waren. Die Wölfe jagten ihr keine Angst ein, sondern lösten vielmehr ein Gefühl der Ehrfurcht aus.

In der Ferne hörte sie Glocken läuten. Weihnachten stand vor der Tür, das Fest der Liebe und der Geburt Christi. Sie spürte die Magie dieser besonderen Zeit, denn auch in ihr wuchs neues Leben heran, hatte sich eine Tür aufgetan, die den Blick auf einen Weg freigab, der ins Licht führte. Auf einmal vernahm Adele eine Bewegung hinter den Baumstämmen und ihr war, als husche ein grauer Wolf vorbei.

Canis lupus kafkaesk

Silvana E. Schneider

Soll ich sie aufschreiben diese merkwürdige Geschichte? Ja, ich werde sie schreiben. Schon, um dem Geschöpf gerecht zu werden.

Eine eigenartige Begegnung. Überhaupt können Begegnungen sehr aufschlussreich und bereichernd sein. Auf der Ebene von Mensch zu Mensch ist das nicht immer so. Da hätte ich auf so manches Zusammentreffen gerne verzichtet.

Es war eine Nacht im Dezember. Ich hatte meine Arbeit am Manuskript für diesen Tag – besser gesagt, für diese Nacht – beendet. Sie müssen wissen, ich gehöre zu den Zerrissenen: Einerseits schreibe ich, um zu überleben, andererseits könnte ich von dem, was und wie ich schreibe, niemals leben. Das ist auch der Grund für meinen Brotberuf. Ich verdiene mein Geld als Beamter – stellen Sie sich das vor! –, als Beamter bei einer Versicherungsgesellschaft. Während es mich drängt, zu schreiben, immer nur alles niederzuschreiben, als hinge mein Leben davon ab. Weil mich mein Innerstes nötigt, alles zu Papier zu bringen, vergeude ich kostbare Lebenszeit mit überflüssigem Papierkram, bin ich gezwungen, oft grauenhafte Unfälle zu beurteilen. Die Notwendigkeit solcher Gutachten macht diese unglückseligen Menschen zu verwalteten Fällen in seelenlosen Akten und damit mich zu einem Teil davon. Um von diesem Alltagsgrauen loszukommen, musste ich einfach raus.

Auch deshalb habe ich dieses Häuschen auf dem Hradschin, dem Prager Burgberg, gemietet. Es ist winzig, aber ich bin hier ungestört. Täglich nach dem Abendessen wandere ich hoch, um bis Mitternacht zu schreiben.

Die Nacht gähnt mich durch die Scheiben meines Fensters an, während sich mein Gesicht im schlierigen Glas spiegelt. Ist das wirklich mein Gesicht? Diese verzerrten Züge – wie ein in viele Teile zerrissenes Bild, aus einer Laune heraus neu zusammengesetzt, mit nunmehr schlecht passenden Stücken. Bruchstellen überall, als spiegle es meine Seele wider, dieses zwischen Selbstzweifeln und aufloderndem Glücklich-Sein schwebende Etwas. Vom Glückszustand ist nichts zu sehen, jetzt in der Scheibe. Nur die Brüche machen sich wichtig, wollen beachtet, interpretiert sein. Als ob das nötig wäre. Schließlich weiß ich sie präsent, auch unter einem glatten Spiegelbild. Gerne verstecken sie sich hinter einem Lächeln, versuchen mich zu täuschen, mich, als ob ich sie nicht längst durchschaut hätte, diese Hinterhältigen. Zugegeben, in meinen frühen Jahren ahnte ich nichts von ihrer Existenz. Da gehörte ich mir halbwegs unversehrt, und meine Hoffnung auf eine ebensolche Welt wog stark.

Lange ist das her, viel zu lange. Bis der Schleier des Unbewussten sich erst lichtete, um dann Stück für Stück, wie der Vorhang im Theater, immer weiter zurückzuweichen: Bühne frei für die Vertreibung aus dem Selbstbetrug! Schützender Ahnungslosigkeit entrissen, wuchs die erste Spannung, stetig, unaufhaltsam. Bis zum ersten Bruch. Unter der glatten Oberfläche des Kindergesichts blieb er unsichtbar für die Umwelt. Fühlbar aber war er für mich, schmerzhaft spürbar fuhr er in die Tiefe. Vielleicht war dieser erste Bruch der schlimmste, ich kann es nicht sagen. Auch alle weiteren trafen mich unvorbereitet, quälten meine Seele. Wie seltsam, dass man nicht davor gewarnt wird. Seelenrisse sind kein Thema, ihre zersetzenden Schmerzen erträgt jeder für sich. Der Mensch des Menschen Wolf? Klaglos, getarnt hinter glatten Fassaden: Mund halten und überleben.

Ich starre wieder auf dieses brüchige Antlitz und versuche ein Lächeln. Wo bei richtiger Wiedergabe des Bildes die Mundwinkel leicht nach oben zeigen müssten, zieht eine Unebenheit sie schräg nach unten, als hätte der Lächler sich in letzter Sekunde umentschieden. So schaut er mich an, der Zyniker – gesammelte Bitternis im Mundwinkel. Bis ein Lachen sich meiner Brust entringt, übergeht in einen Hustenanfall. Ich stehe auf und fühle nun die Kälte in meiner Klause hier oben. Das Feuer in dem kleinen Ofen ist fast niedergebrannt. Ottla kommt mir in den Sinn, die gute Seele. Gäbe es diesen Zufluchtsort ohne sie? Wohl kaum.

Mir scheint, sie kennt mich noch besser als Max, der mir oft genug ins Hirn schaut. Reichen zwei Menschen nicht, die man liebt? Ich bin undankbar.

Endlich stehe ich ruhig vor dem schwarzen Rechteck. Das Gesicht darin wird langsam weicher, die Konturen beginnen sich aufzulösen, die Brüche verschwinden. Ich schaue in Ottlas Augen – oder sind es die von Max? – und spüre ein Lächeln.

Beinahe zufrieden mit meinem Geschreibsel (das bin ich beileibe nicht oft), nahm ich also in dieser Dezembernacht Schal, Mantel und Hut, löschte die Lichter und schloss sorgfältig die Türe meiner Literatenhöhle – meine Schwester nennt sie so – hinter mir ab. Ein eisiger Wind fuhr mir sogleich unter die Mantelschöße. Wahrlich keine Nacht für beschauliche Spaziergänge. Die dunkle Gasse wirkte wenig einladend, alles schien zu schlafen, nirgends brannte mehr ein Licht. Aneinandergereiht, dicht gedrängt, als ob sie frören, standen die kleinen Häuser. Ich ging rasch.

Auf Höhe des Tors zum Park bewegte sich etwas. War doch noch ein später Heimkehrer unterwegs, beugte der Wind die alten Bäume zu belebten Schatten? Spielte die Fantasie mit mir? Hatte das Schreiben meine Nerven angegriffen? Nein, da war etwas beim Gebüsch. Ich würde nachsehen gehen.

Die Stufen vor dem Eingang waren zugeschneit. Während ich nach dem vermuteten Geländer griff, rutschte ich aus und landete mit dem rechten Oberschenkel schmerzhaft auf der Treppenkante. Gerade mir musste so was passieren. Mir, mit meiner labilen Konstitution, dem von der Lungenkrankheit geschwächten Körper. Ein entsetzlicher Schmerz durchfuhr mich, als ich vorsichtig versuchte, das Bein zu bewegen. Vermutlich war es gebrochen, ich würde hier also erfrieren. War das der mir zugedachte Tod, mein Schicksal? Statt in wilde Panik zu fallen, wurde ich eigenartigerweise innerlich vollkommen ruhig. Ich schaute zum Himmel, der Mond war zu sehen, die Wolken hatten ihn wieder freigegeben. Da spürte ich es: ein Blick. Jemand oder Etwas blickte mich an. Und dann sah ich ihn. Bei den Büschen, wenige Meter vor mir stand er, regungslos. Ein riesiger Hund? Ein Wolf? Ich hätte es nicht sagen können. Schräge Augen fokussierten mich. Das also sollte es sein, mein Ende.

Jetzt war er deutlich zu erkennen: ein mächtiger, grauer Wolf. Er hatte den silberfarbenen Kopf majestätisch erhoben, die klugen, ernsten Augen schienen seine Einsamkeit zu spiegeln. Ein überwältigender Anblick voll schmerzender Schönheit. Sollte er nicht Anführer eines großen Rudels sein? Ich fühlte, dass sein Alleinsein nicht frei gewählt war. Aber warum? Mir schwanden die Sinne.

Er lief um mein Leben, setzte seine ungeheure Kraft ein, um mich zu retten, mich unwürdigen Menschenwurm. Ich fühlte seine dampfende Wärme, spürte jedes Spannen und Strecken des sehnigen Körpers. Winzig klein, wie ein Ungeziefer, hing ich in seinem Fell, und doch war da keine Angst, ich musste mich nur festkrallen. Über weite Ebenen und durch riesige Wälder jagte er mit mir dahin. Eins mit allen Geschöpfen, ich, ein mikroskopisches Teilchen im fortgeschriebenen Ablauf von Werden und Vergehen, aufgehoben in seiner Stärke.
Ein lang gezogener Ton, eine Sirene? Es wollte und wollte nicht enden.

Als ich wieder zu mir kam, lag ich halb auf den Stufen der Steintreppe. Der Wolf stand vor mir, aus seiner Kehle drang ein kraftvoller Heulton, wie ich ihn noch nie gehörte hatte. Natürlich würden diese sirenenartigen Laute nicht ungehört bleiben. Mein Gott, dachte ich und eine tiefe Dankbarkeit für dieses Tier durchströmte mich sogleich, als mir klar wurde, dass ich hier nicht würde sterben müssen. Dieses wunderbare Geschöpf war mein Lebensretter.

Es war tatsächlich so. Das Heulen des Wolfes veranlasste aufgeschreckte Bewohner, das Burggelände abzusuchen, und so blieb es nicht aus, dass sie mich schließlich beim Parkeingang fanden. Mit schwerer Unterkühlung und einem Oberschenkelhalsbruch wurde ich in ein Krankenhaus gebracht. Mein Retter war längst im Dunkel des Parks verschwunden.

Seit damals haben Wölfe für mich nichts Bedrohliches mehr. Im Gegenteil. Oft habe ich mir gewünscht, ihm noch einmal zu begegnen. Leider war es mir nicht vergönnt. Aber – würde ich als Wolf diesen unberechenbaren Menschen unbedingt begegnen wollen? Ich denke nicht. So bleibt mein Wohlwollen für dieses einsame Tier in meinem Herzen und mein Schweigen mein Dank für ihn. Denn ich stellte mich unwissend, als ich nach dem seltsamen Heulen befragt wurde. Gab vor, eben erst aus der Ohnmacht erwacht zu sein und nichts gehört zu haben. Warum? Sie hätten meinen Schutzengel sonst gesucht, gejagt und vielleicht sogar getötet. Aber so leicht fängt man uns nicht, uns einsame Wölfe …

Wolfsweisheiten

Kirsten Brox

»Erheben Sie sich.«

Schon die Robe fand Sonny unglaublich albern. Als ob jemand zu einer Respektperson wurde, weil er sich so einen Fummel anzog. Respekt musste man sich verdienen, man konnte ihn nicht anziehen.

Sonny stand als Letzter im Saal auf, wobei er sich mit einer lässigen Handbewegung den Pony aus der Stirn strich. Der abfällige Blick des Richters traf ihn. Sonny hatte von Anfang an gespürt, dass der Typ ihn nicht mochte. Er hatte längst kapiert, dass er keine faire Verhandlung kriegen würde, und beschlossen, sich mit der Strafe abzufinden. »Was uns nicht umbringt, macht uns nur härter.« Micks Worte. Mick war clever. Mick wusste, wie der Hase läuft.

Auf eine Geste des Richters setzten sich alle. Er selbst blieb stehen und las von einem Bogen Papier ab: »Im Namen des Volkes ergeht folgendes Urteil: Der Angeklagte ist der gefährlichen Körperverletzung schuldig, §§ 223 I, 224 I Ziff. 4, 25 II StGB, 1, 3 JGG. Der Angeklagte, der bisher nicht strafrechtlich in Erscheinung getreten ist, hat nach dem Ergebnis der Beweisaufnahme die folgende Straftat begangen ...«

Alter! So ein geschwafelter Scheiß. Nicht nur, dass der Typ ihn nicht leiden konnte, jetzt plusterte er sich auch noch derartig auf mit seinem Juraquatsch. Sonny sah ihm in die Augen, der Richter erwiderte den Blick, dann gähnte Sonny herzhaft und drehte den Kopf zum Publikum. In einer der hinteren Reihen saßen Mick und Hotte. Mick zeigte ihm verstohlen eine aufmunternde Geste, Hotte kniff ein Auge zu. Ein warmes Gefühl durchströmte Sonny. Freunde waren das Wichtigste und er hatte die coolsten Kumpel der Stadt. Er hätte sie nie mit reingerissen. Dann sah er nach vorn. Sein Vater schaute ihn aus der ersten Reihe an, woraufhin Sonny den Kopf zurückdrehte.

»… Infolge dieser Auseinandersetzung erlitt der Zeuge eine Fraktur der linken Mittelhand und musste operiert werden. Von Jugendstrafe wird abgesehen. Der Angeklagte wird verwarnt.«

Ein brennend scharfer Blick des Richters traf Sonny auf die nackte Stirn.

»Wenn auch mit gravierenden Bedenken, hält es das Gericht für ausreichend, aber auch angemessen, den Angeklagten durch die Auferlegung von achtzig Stunden gemeinnütziger Arbeit nach Weisung des Jugendamtes eindrücklich auf sein Fehlverhalten hinzuweisen. Die Ableistung der Sozialstunden wird dem Angeklagten klarmachen, dass er erheblich versagt hat und sich in Zukunft besser benehmen muss.«

Versagt? Was erlaubte der sich eigentlich?

Seine erste Schicht trat Sonny zwei Wochen später an. Es war der Montag nach dem zweiten Advent. Es hätte schneien können, weihnachtlich sein sollen. Stattdessen gab sich der Himmel pechschwarz, und passend zu Sonnys Laune goss es aus Kübeln. Er versteckte sein Gesicht unter der Kapuze des Pullis. Der Stoff des Sweatshirts war vollgesogen und es tropfte daraus auf seine Nase. Aus den Pfützen zog das dreckige Wasser in die Turnschuhe hoch und tränkte die Socken.

Mick schlug ihm auf die Schulter. »Du packst das schon, Kumpel. Wir treffen uns um Fünf am Bolzplatz. Okay?«

Sonny drehte sich und nickte Mick und Hotte zu. »Danke, Mann.«

Er drückte die Klingel und ein Mann öffnete die Tür. Er trug eine olivgrüne Hose und einen Regenmantel. Darunter sah man einen Wollpullover mit dem Zoo-Logo.

»Markus Sonnleiter. Ich soll hier meine Sozialstunden ableisten.«

»Hallo und guten Morgen, ich bin Malte. Ich kümmere mich heute um dich.«

Malte. Was für ein bekloppter Name! Er würde sich um ihn kümmern? Es gab vieles, was Sonny an dieser ganzen Sozialstundennummer nervte, aber dass sich dieser Malte um ihn kümmern sollte, brachte eine ungeahnte Steigerung der Qual.

»Mensch, du bist ja klatschnass. Du hast Glück, als Erstes gehen wir nämlich mal in die Kleiderkammer.«

Sonny ging tropfend hinter dem Tierpfleger her. Kleiderkammer. Wie beim Bund. Sonny war nicht beim Bund gewesen. Sich monatelang von uniformierten Spinnern herumkommandieren zu lassen, war unvorstellbar für ihn. Zivildienst war allerdings genauso kacke. Mick hatte ihm gezeigt, wie er bei der Tauglichkeitsprüfung mogeln konnte, und es hatte geklappt. Nun würde er also die Schikane hier bei Strafarbeiten im Zoo nachholen. Und alles nur, weil der Dreckstürke sich die Hand gebrochen hatte.

»Zieh dich schon mal um. Ich pack unseren Kram zusammen und dann treffen wir uns nebenan.«

Die Klamotten hatten auf der Heizung gelegen, und obwohl Sonny den Stoff kratzig fand, war die Wärme wunderbar. Mit diesem Gefühl konnte er sogar den albernen, selbst gebastelten Strohstern im Fenster ignorieren. Der Nachbarraum war gefliest und voller Eimer und Schüsseln. Malte stand an einer Arbeitsfläche und sortierte Papiere auf ein Klemmbrett.

»Also, Markus, pass auf. Ich zeig dir, was alles eingepackt werden muss.«

»Alle sagen Sonny zu mir. Wegen meinem Nachnamen. Ich mag Markus nicht.«

»Sonny? Wie der Sohn vom Paten?«

Malte grinste blöde, aber als Sonny seinen dämlichen Gesichtsausdruck ignorierte, hörte er damit auf.

»Gut, also du arbeitest heute bei den Wölfen. Dafür brauchst du diese Checkliste hier und die roten Futterzettel. Die Farben sind den Tiergruppen zugeordnet. Wölfe sind Karnivore, das ist Latein für Fleischfresser. Alle Fleischfresser haben rote Zettel.«

Malte gab sich Mühe, das musste er ihm lassen. »Blutrot?«

»Du ahnst nicht, wie recht du hast. So, und nun geht es los zum Fleischholen. Wir nehmen die Fahrräder.«

Mit diesen Worten ging er zu einem Ständer direkt neben dem gefliesten Raum und belud einen Fahrradanhänger mit den Schüsseln und Eimern. Der dämliche Regen hatte noch immer nicht aufgehört. Er spülte über den vereisten Weg und verwandelte den Schnee auf den Rasenflächen in graubraunen Matsch. Schon jetzt, Minuten nach seinem Arbeitsbeginn, ging Sonny diese ganze Maßnahme furchtbar auf die Nerven. Sie hielten vor einem Bungalow. Malte gab den Zettel an einen stämmigen Typ mit Fleischerkittel.

»Wer ist der?«

»Das ist Sonny, er kümmert sich heute um die Wölfe.«

»Soso. Willst du Huhn oder Pferd mitnehmen?«

Malte und der Metzger sahen ihn an. Warum sollte er das entscheiden? »Ich weiß nicht.«

Malte schaute streng. »Du kümmerst dich heute um sie. Du suchst das aus.«

»Gut, dann nehme ich die Hälfte Huhn und die Hälfte Pferd.« Sonny mochte selber gern Abwechslung, vielleicht traf das auch auf die Viecher zu.

Der Metzger grinste und schnappte sich die hingehaltenen Eimer. Binnen weniger Minuten hatte er zwei Kübel mit ein paar Brocken Pferdefleisch und toten Hühnerküken gefüllt. Sonny sah in den Eimer. Die ehemals flaumig-gelben Küken lagen verdreht aufeinander.

»Bisschen eklig, oder?«, meinte er zu Malte.

»Weiß nicht, ich mache das schon sehr lange. Ich finde, es sieht aus, wie Futter eben aussieht. Oder kannst du kein Blut sehen?«

Sonny winkte sofort ab. »Nee, kein Problem.« Er wuchtete einen Eimer auf den Anhänger hinter seinem Rad.

Während sie zum Gehege fuhren, erklärte Malte: »Du hast Glück mit deinem Job. Die Wölfe sind echt toll. Es sind Grauwölfe. Wir haben letztes Jahr zwei weibliche Tiere aus Polen übernommen und seit sechs Wochen haben wir einen imposanten Rüden. Sie werden dir gefallen.«

Sie bogen um die Kurve und stellten die Fahrräder ab. »Wir gehen einmal nach vorn, damit du sie sehen kannst.«

Sonny ging hinter Malte um eine Mauer und stand dann auf einem Pfad aus Rindenmulch. Diese Strecke war für die Besucher und gesäumt mit gepflegten Holzeinfassungen, Papierkörben und Hinweistafeln. Auf dem grünen Schild direkt vor ihnen prangte eine Wolfszeichnung und darunter eine Menge Text. Auf einer Weltkarte signalisierten rote Flecken offenbar den Lebensraum der Tiere. Daneben war eine Glasscheibe voller Eisblumen, dahinter das Gehege. Es hatte einen Hang und einen

Wasserfall, der auf der linken Seite vorn in einen Graben mündete. Im Hintergrund stand ein Blockhaus mit einer Klappe zum Gehege. Sonny sah neugierig hinein, konnte jedoch keinen Wolf entdecken.

»Wo sind sie?«

Gerade als er die Frage ausgesprochen hatte, sprang er überrascht einen Meter zurück. Einer der Wölfe trat aus der Ecke und ging direkt hinter der Scheibe an ihnen vorbei. Er war viel größer, als Sonny erwartet hatte, und geschätzt ungefähr so schwer wie er selbst.

»Beeindruckend, nicht wahr?« Malte lächelte milde. Er machte sich nicht lustig über Sonnys Erschrecken. Vielleicht hatte der Wolf schon viele seiner Helfer auf diese Art begrüßt.

Direkt vor den beiden blieb das Tier stehen und Sonny hatte Gelegenheit, ihn genau anzusehen. Sein Fell war graubraun und im Gesicht um die Schnauze herum heller, fast weiß. Die Augen waren von einem schwarzen Rand umgeben, der sie gefährlich leuchten ließ, aber er hielt die Schnauze entspannt geöffnet. Dadurch konnte Sonny ziemlich imposante Zähne sehen. Das Tier machte einen Schritt vor und kratzte am unteren Rand der Scheibe.

»Schon gut, mein Großer«, sagte Malte mit warmer Stimme. »Wir haben dir was Leckeres mitgebracht. Magst du einen Vorgeschmack?«

Sonny war irritiert, dass Malte mit dem Wolf sprach wie mit einem Menschen. Aber vermutlich war er einfach schon ein bisschen zu lange Tierpfleger.

»Wirf ihm was über das Glas!«, forderte Malte ihn auf.

Sonny zögerte kurz, doch als Malte ihn einfach weiter auffordernd ansah, griff er nach einem der Küken und schleuderte es über die Absperrung. Es landete etwa zwei Meter hinter der Scheibe im Gehege.

»Guter Wurf«, lobte Malte.

Der Wolf hatte keine Eile. Er sah die beiden an, drehte sich langsam um und ging zu dem Leckerbissen. Hinter einem Hügel kamen zwei aufgeregte, kleinere Wölfe nach vorn gerannt. Sie hatten das Geschehen beobachtet. Mit gesenkten Köpfen und angelegten Ohren schlichen sie leicht geduckt auf den Großen zu.

Er sah sie kurz an, woraufhin sie sofort stehen blieben. Dann fraß er in aller Gemütsruhe das Küken auf.

»Der hat seine Mädels aber im Griff«, staunte Sonny.

»Zweifellos. In dem Gehege macht keiner was, was der Chef nicht will.«»Malte drehte sich um. »So, wir sind aber nicht zum Spaß hier. Komm mit.«

Malte war schon um die Ecke gebogen, als der große Wolf Sonny ansah. Der Blick kam ihm eigenartig vor, er schien ihn zu durchbohren. Dann schüttelte Sonny den Kopf und schimpfte innerlich mit sich. Das war ein Wolf – der bohrte nicht mit Blicken.

Malte wartete schon hinter der Ecke und schloss die Tür zu dem Holzhaus auf. Drinnen befand sich eine Pferdebox mit Stroh. Es war warm, aber sehr eng. Malte öffnete die Schiebetür der Box. Unten bestand sie aus Holz und ungefähr ab Hüfthöhe aus Gitterstäben. Die Tür quietschte auf und Malte zeigte auf den zweiten Eimer. Den ersten schleppte er selbst hinein.

»Verteil das Futter ein bisschen an der vorderen Seite lang. Sonst kriegen die Wölfinnen nichts ab.«

Beide kippten den Inhalt ihrer Eimer an der Seite mit der Schiebetür aus. Als sie wieder draußen waren, schob Malte die Tür zurück und zog an einem großen Hebel. Die Klappe in Richtung Gehege hob sich. Sie war erst halb geöffnet, da drängte sich der große Wolf durch.

Er lief direkt auf das Futter zu, schnappte sich in mehreren Portionen einen Brocken Pferd und einige Küken und zerrte alles in eine Ecke. Erst als er dort mit seiner Beute beschäftigt war, kamen die beiden Fähen hinein. Sie wirkten leichter und flinker als der Rüde. Sie griffen, so schnell sie konnten, so viel sie erreichten, und begannen gierig zu schlingen.

Sonny sah interessiert zu, wie sie mit schief gehaltenen Köpfen das Fleisch zermalmten. Der Genuss war den Tieren anzusehen.

»Hinten haben sie Backenzähne, mit denen können sie auch Knochen zerknuspern.«

»Kriegen sie jeden Tag so viel?«, fragte Sonny neugierig.

»In der Wildnis können sie bis zu zehn Kilo Fleisch fressen, aber da klappt es auch nicht jeden Tag mit der Jagd. Hier im Zoo ist es verträglicher, wenn sie kleinere Mengen in regelmäßigen Abständen bekommen.«

»Das ist die kleine Portion?«, fragte Sonny sicherheitshalber, woraufhin Malte amüsiert nickte.

»Immerhin wiegt mein Großer hier vierzig Kilo.«

Sonny war fast enttäuscht, er hatte ihn schwerer geschätzt. Malte hatte die Klappe inzwischen geschlossen und reichte Sonny eine Schaufel und eine Schubkarre. »So, nun gehst du in das Gehege und räumst alles schön auf, solange die Wölfe noch im Haus eingesperrt sind. Du sammelst den Mist und das Laub hier in die Karre und dort in der Ecke steht ein Schrubber. Damit machst du die Betonplattform sauber. Auf dem Regal sind Lappen. Wie man Fenster putzt, weißt du ja sicher.«

Sonny verzog das Gesicht, sagte aber nichts, als er nach der Karre griff.

»Ich bin bei den Kamelen, falls du mich suchst. In einer Stunde komme ich zurück, und wenn alles glänzt, habe ich auch eine Überraschung für dich. Und mach' keinen Unsinn, hörst du?« Malte klopfte ihm auf die Schulter.

Als Sonny ins Gehege ging, hatte es immerhin aufgehört zu regnen. Zwar war das ganze Areal voller Matsch, aber die Arbeit war einfach und man konnte dabei nachdenken. Er war ganz allein. Bei dem Wetter kamen keine Besucher.

Murat hatte ihn provoziert. Es war nicht seine Schuld gewesen. Murat hätte niemals aufgehört, wenn er ihm nicht gezeigt hätte, dass er nicht alles mit sich machen ließ. Eigentlich war es nur eine harmlose Prügelei gewesen. Sonny hatte ihn geschubst, Murat war gestolpert und beim Sturz mit der Hand an der Bordsteinkante angeschlagen. Das hatte Mick nicht sehen können, sonst hätte er sicher nicht nachgetreten. Es war ein Unfall gewesen. So was passierte eben.

Die Karre war gefüllt und Sonny schob sie in das Holzhaus zurück, um sich einen Lappen zu holen. Das Fleisch war inzwischen verputzt und die Wölfe lagen träge auf der Seite. Als er hereinkam, hob der Große den Kopf, die beiden Wölfinnen standen auf und kamen zu Sonny ans Gitter. Ob man sie streicheln konnte? Sie wirkten wie verspielte, große Hunde.

Sonny ging einen Schritt weiter auf das Gitter zu und legte den Kopf schief. Eine der Wölfinnen duckte sich mit dem Oberkörper auf den Boden und zog den Rücken lang. Sie dehnte sich, gähnte, blieb dann aber in dieser Haltung und sah Sonny an.

»Du bist ein Spaßvogel, hm?«, fragte er, und wie zur Antwort bewegte das Tier die Rute.

Sonny legte die Hände auf die Knie und beugte sich vor. Die Fähe öffnete den Fang und wedelte heftiger.

Der Rüde in der Ecke beobachtete das Spiel sehr genau.

Sonny fand den Wolf fast ein bisschen niedlich und machte einen Hopser in die Luft.

Die Wölfin zuckte ebenfalls, dann rannte sie plötzlich wie von der Tarantel gestochen eine Runde durch den Stall, nur um direkt danach ihre Haltung wieder einzunehmen.

Sonny spannte alle Muskeln und hielt die Luft an. Dann klatschte er in die Hände und das Tier wiederholte sein Spiel.

Sie rannte so schnell, dass sie den großen Rüden in der Kurve streifte, der daraufhin mit den Lefzen zuckte. Sie bemühte sich noch, ihre Laufrichtung zu korrigieren und den Kreis kleiner zu ziehen. Dabei geriet sie ins Rutschen, versuchte vergeblich, sich abzufangen, doch der Boden der Box unter dem Stroh war zu glatt. So polterte sie ungebremst in die zweite Wölfin, die noch vorn am Gitter stand.

Binnen Bruchteilen von Sekunden waren die beiden in einen Kampf verstrickt. Sie keiften, knurrten und bissen. Sonny sah die blitzenden Zähne durch die Luft sirren, die verknoteten Körper, wie sie sich umeinandergeschlungen rollten. Er stand schockstarr vor der Schiebetür.

Sie würden sich sicher verletzen. Er musste Malte holen! Sollte er den Hebel bewegen? Vielleicht würden sie sich draußen im Gehege aus dem Weg gehen können und aufhören?

Dann erhob sich der Rüde. Mit angespannten Muskeln und gesträubtem Fell ging er auf das Knäuel kämpfender Wölfe zu, stand einen Moment neben ihnen, dann knurrte er. Das Geräusch war tief und grollend. Sonny hatte noch nie etwas so Bedrohliches gehört. Die beiden Fähen trennten sich sofort und verschwanden in unterschiedliche Ecken der Box. Als ob jemand den Lichtschalter gedrückt hätte.

Sonny stand mit offenem Mund vor der Box. Tausend Gedanken schossen durch seinen Kopf, am dringendsten war die Frage, wie zum Teufel das Tier das bewerkstelligt hatte. Die Situation war völlig eskaliert und dieser Wolf brachte alles mit einer einzigen kleinen Geste in Ordnung.

Besagter Wolf ging nach vorn und sah Sonny in die Augen. »So macht man das«, sagte er.

Sonny blieb fast das Herz stehen. Einen kurzen Moment wollte er in Panik geraten, bis ihm die Lösung plötzlich einfiel. Er träumte! Genau. Das alles war nie passiert.

Er ging zum Regal und angelte verwirrt nach Lappen und Fensterputzmittel. Auf dem Weg zurück nach draußen sah er den Wolf an, der sich wieder auf seinen Platz gelegt hatte und völlig normal aussah.

Sonny wienerte draußen die Scheibe und schrubbte den Beton. Als Malte schließlich kam, war alles vorbildlich sauber.

»Hey Sonny. Gute Arbeit!«

Sonny fühlte die Ehrlichkeit in dieser Aussage. Dieser Malte war vielleicht kein schlechter Typ. Er konnte ja nichts für seinen Namen.

»Komm mit ins Haus, ich hab dir was mitgebracht.« Sonny sammelte Schrubber, Lappen und Putzzeug ein und folgte ihm.

Malte hatte eine Box mit Sandwiches dabei.

»Geil«, kommentierte Sonny und griff beherzt zu. Mitten in der Bewegung spürte er den stechenden Blick des Wolfs hinter dem Gitter. Er zog die Hand zurück und fragte vorsichtig: »Darf ich?«

»Na klar, bedien' dich«, sagte Malte mit vollem Mund. »Hat alles gut geklappt?«

»Ich weiß nicht, die beiden haben sich geprügelt, aber ich glaube, es war nicht schlimm.« Sonny zeigte auf die beiden kleineren Wölfe.

»Geprügelt?« Malte stand auf und betrachtete die Wölfe besorgt.

»Naja, sie standen am Gitter, haben gespielt und dann plötzlich haben sie sich gekloppt. Dann ist der Große gekommen und dann war es vorbei.«

Malte setzte sich wieder hin. »Das ist okay.«

Sie aßen schweigend. Selten hatte Sonny etwas so gut geschmeckt. Es mochte an der Arbeit liegen, jedenfalls waren diese blöden Brote mit Salat, Remoulade, Eiern und Käse einfach das Umwerfendste, was er je gegessen hatte.

»Heute Nachmittag kannst du entweder mit mir zu den Kamelen gehen, oder hier im Blockhaus sauber machen. Was dir lieber ist.«

»Dann bleibe ich hier.« Die Antwort kam schnell, und tatsächlich musste Sonny nicht eine Sekunde überlegen.

Malte grinste. »Sonny, der einsame Wolf.« Er räumte das Essen zusammen und prüfte die Tür zum Außengehege. Dann zog er an dem Hebel, woraufhin die Wolfsgruppe träge nach draußen marschierte.

»Gut, das mit der Schubkarre kennst du ja schon. Hier drin dann außerdem noch die Futtereimer sauber waschen und den Gang fegen.«

»Alles klar.« Sonny war fast überrascht über sich selbst, denn er hatte irgendwie Lust darauf, in diesem Blockhaus aufzuräumen. Er legte sich ins Zeug, und nach einer Stunde war der Mist draußen, es war gefegt und aus den Schüsseln hätte er selbst essen können. Zusätzlich waren alle Schubladen sortiert und Sonny hatte in seinem Eifer ein zerrissenes Bild an der Wand durch einen selbst gepflückten Stechpalmenzweig ersetzt. Malte war allerdings noch nicht wieder da. Auf Kamele hatte Sonny keinen Bock, also ging er nach draußen. Vor dem Wolfsgehege lehnte er sich an die Glasscheibe. Seine Wärme ließ die Eisblumen am Glas schmelzen.

Der große Wolf kam erneut aus der Ecke, aber dieses Mal schaffte er es nicht, Sonny zu überraschen. Er setzte sich vor ihm hin und beide sahen sich lange und tief in die Augen.

»Immerhin bist du fleißig.«

Sonny sprang zurück, was den Wolf das Gesicht wie zu einem schelmischen Grinsen verziehen ließ.

»Das ist ein Traum!«, betonte Sonny und kniff sich selbst in den Arm, den Blick dabei nicht von dem Tier abwendend.

Der Wolf schüttelte den Kopf und brachte damit das Fell in seinem Nacken in Bewegung. Er legte sich direkt hinter das Glas und sah Sonny weiterhin an.

Sonny hockte sich hin und tippte an die Scheibe. »Du kannst sprechen?«

Der Wolf brummte, und es klang wie Zustimmung.

»Wölfe sprechen nicht«, widersprach Sonny.

Der Wolf fand es offensichtlich überflüssig, über etwas zu reden, was bereits feststand. Stattdessen fragte er, ohne aufzustehen: »Warum bist du hier?«

Sonny brauchte einen Moment. Er setzte sich auf den Boden vor das Glas und sprach leise, eigentlich mehr zu sich selbst. »Es war eine Schlägerei, bei der wir einen Türken verletzt haben.«

Der Wolf sah hoch und sein Gesichtsausdruck wirkte missbilligend. Die Lefzen waren nach hinten gezogen und die Augenbrauen schienen dichter zu stehen. »Worum ging es?«

»Es ging um nichts. Er hat mich provoziert und ich hab' ihn geschubst.«

»So was wie gerade im Haus?«

Sonny ignorierte ihn und sprach einfach weiter. »Mein Kumpel hat ihn getreten. Er hat sich die Hand gebrochen, aber das war ein Unfall. Eigentlich wollten wir nicht …«

Der Wolf sprang auf und fletschte herrisch die Zähne. »Sag das nie! Sag nie, dass du etwas eigentlich nicht wolltest. Alles ist sehr einfach. Du musst erst nachdenken. Dann das tun, was das Richtige ist. Und schließlich musst du dafür geradestehen.«

Sonny schwieg und der Wolf drehte sich um. Er lief zu den beiden Fähen, und als er sich dort hinlegte, rutschten sie näher. Dicht zu dem, der alles im Griff hatte.

Sonny sah zu den Wölfen hinüber und grübelte. Eiskalter Wind blies ihm ins Gesicht, doch er spürte es nicht mal. Er saß eine ganze Weile dort im Matsch vor der Scheibe, bis Malte auftauchte.

»Da bist du ja. Mann. Ich hab mir schon Sorgen gemacht. Die Hütte sieht großartig aus. Spitze.« Plötzlich hielt Malte inne. »Was ist denn los? Warum hockst du da im Dreck?«

Sonny sah ihn mit verheultem Gesicht an. »Ich war schuld. Es hätte nie passieren dürfen.«

Malte setzte sich neben Sonny auf den Boden.«Erzähl!«, forderte er ihn auf.

»Wir haben zu zweit einen Türken verprügelt und er hat sich dabei …« Sonny hielt kurz inne, schluckte und korrigierte sich: »Wir haben ihm dabei die Hand gebrochen. Das Schlimmste daran ist: Es gab überhaupt keinen Grund für die Schlägerei. Ich hätte nie so aus der Haut fahren dürfen.«

Er spürte Maltes warme Hand auf seiner Schulter.

»Einsicht ist der erste Weg zur Besserung. Jeder baut mal Mist, du musst einfach daraus lernen.«

Sonny schniefte und stand auf. Es hatte zu schneien begonnen und er wischte sich eine Schneeflocke von der Wange. Mit einem Blick auf seine durchweichte Zoohose fragte er grinsend: »Kriege ich morgen eine neue?«

Malte lachte schallend. »Schmeiß die Klamotten einfach in der Umkleide auf den Boden. Wir treffen uns morgen um die gleiche Zeit.«

»Du, Malte, sag mal, ist dir an deinen Wölfen schon mal was komisch vorgekommen?«

Malte legte den Kopf schief. »Komisch?«

»Ach egal, war nur so ein Gedanke.«

An diesem Abend warteten Mick und Hotte vergebens auf Sonny.

Eifelwolf

Manu Wirtz

Vorsichtig und wachsam näherte sich der Wolf dem Abgrund. Er stand auf dem Felsen der Munterley und blickte auf das leuchtende Gerolstein im Tal unterhalb der Dolomiten. Der Dezemberabend in der Vulkaneifel war klirrend kalt und sternenklar. Die Lichter der Stadt funkelten zu ihm hinauf. Schornsteinrauch aus unzähligen Kaminen kräuselte sich in der kalten Luft und die Gerüche bildeten ein Potpourri mit dem Tannen- und Kiefernduft des Waldes, den Autoabgasen und anderen typischen Ausdünstung einer menschlichen Ansiedlung. Partikel von Nahrungsgerüchen aus den Klimaanlagen der Restaurants streiften seine Nase. Das erinnerte ihn, dass er seit Langem nichts mehr in den Magen bekommen hatte. Hungrig leckte er sich über die Schnauze.

Der Rüde war an den Flanken grau-braun gezeichnet, weiß an der Innenseite der Läufe und am Bauch, mit einem dunklen Streifen am Rücken und an den Vorderläufen. Er war jetzt drei Jahre alt und seit gut einem Jahr von den italienischen Apenninen über die französischen Alpen unterwegs gewesen, bis er vor einigen Wochen seine Pfoten auf deutschen Boden gesetzt hatte. Eine Zeit lang hatte er in den Wäldern des Saarlandes gelebt. Die dichte Vegetation und der Wildreichtum waren ideal für den Streuner gewesen. Aber die Einsamkeit hatte ihn weitergetrieben. Er war auf der Suche nach einer Partnerin, mit der er ein eigenes Rudel gründen konnte. Sein Trieb hatte ihn bis in die Eifel geführt.

Mit scharfen Augen verfolgte er die winzigen Punkte und Lichter, die sich in der Ferne bewegten. Menschen und Autos wimmelten durch die weihnachtlich beleuchtete Stadt und verstärkten das Summen, das bis zu dem Wolf auf dem Felsvorsprung hinauf klang.

Plötzlich erregte ein ferner, nur für seine Ohren wahrnehmbarer Laut seine Aufmerksamkeit. Er bewegte die Lauscher in die Richtung, aus der er kam. Das feine Gehör filterte den harmonischen Klang aus dem Hintergrundrauschen der Stadt heraus. Der Wolf wandte den Kopf. Die auf- und abschwellenden Töne waren ihm vertraut.

Sein Herz klopfte heftig, als er den Gesang eines Wolfsrudels erkannte. Erregt trat er ein paar Schritte zurück und winselte leise. Er drehte sich nach allen Seiten und reckte seine Nase. Nach ein paar Augenblicken konnte er schon etliche Stimmen in dem Chor ausmachen. Da streckte er den Kopf in den Abendhimmel und antwortete mit einem lang gezogenen Heulen. Dabei zog er die Lefzen eng, um den Laut zu modulieren. Wieder lauschte er. Die ferne Vokalgruppe hatte ihren Gesang abrupt unterbrochen. Es dauerte eine Weile, bis er Antwort bekam. Jetzt war der Chor etwas lauter und vielstimmiger; der einsame Zuhörer konnte die Stimmen von mehreren Alttieren unterscheiden. Zwischendurch vernahm er auch ein paar helle Töne von Jungtieren. Der Rüde hechelte aufgeregt und tänzelte mit den Vorderpfoten auf der Stelle. Er winselte und leckte sich über die Schnauze.

Zuletzt war er in den französischen Alpen auf einen Artgenossen gestoßen. Eine kurze Zeit waren die beiden Junggesellen gemeinsam umhergezogen. Das lag schon Monate zurück und er hatte fast die Hoffnung aufgegeben, jemals wieder anderen Wölfen zu begegnen.

Der Wanderwolf hielt seine Nase in den Luftstrom, um festzustellen, woher der Schall kam. Angestrengt lauschte er in die Nacht. Dann drehte sich der einsame Graue um und lief durch den Wald auf die Lautquelle zu. Auf seinem Weg blieb er immer wieder kurz stehen, horchte, heulte den Mond an und lauschte erneut auf die Antwort des fernen Chors.

Der ortsansässige Wolfspark hatte am Abend eine »Wolfsnacht« veranstaltet, in der die Gäste mit den Wölfen heulen konnten. Dabei wurde mit einer Handsirene ein Wolfsheulen imitiert und die Rudeltiere zum Mitsingen animiert. Die Besucher waren Mitarbeiter eines örtlichen Unternehmens, die im nahen Restaurant ihre jährliche Weihnachtsfeier abhielten. Der Chef hatte als Überraschung seinen Angestellten die Wolfsnacht gespendet.

Der Leiter des Wolfsgeheges begleitete zu später Stunde den letzten Besucher aus dem Tor und schloss das Gehege hinter sich ab. Die Vorführung war ein voller Erfolg gewesen, alle Anwesenden hatten begeistert mitgemacht.

Er hob den Kopf; seine Timberwölfe heulten noch immer, obwohl die Gäste längst weg waren. Zu dieser Stunde sollte eigentlich Ruhe in den Wildpark einziehen.

Es lag eine gewisse Gereiztheit in den Lauten der Wölfe. Durch den Zaun des Wolfsgeheges sah er das Rudel schemenhaft in der Dunkelheit. Sie hatten sich auf einer erhöhten Felsgruppe versammelt und reckten ihre Köpfe in den Sternenhimmel.

»Wahrscheinlich ist irgendwo der Notarzt unterwegs«, brummte der Parkleiter. Immer, wenn in der Gegend ein Martinshorn zu hören war, fielen die Wölfe ins Geheul ein.

In den Morgenstunden erreichte der Wanderwolf ein großes Waldgebiet. Lautlos schlich er in das Dickicht.

Seine Augen durchforsteten das Gelände nach Beutetieren. Er musste dringend seinen Hunger bekämpfen. Die sensiblen Ohren drehten sich in alle Richtungen. Sie nahmen das Rauschen des Windes in den Tannenzweigen wahr, leises Knacken von Zweigen unter den Hufen von Tieren, entferntes Grunzen von Wildschweinen und das heisere Schrecken von Rehen. Hungrig leckte er sich über die Schnauze und nahm die Witterung der Rehe auf.

Geduckt huschte er durch den Forst. Er nutzte dabei geschickt die Geländestruktur und die verschiedenen natürlichen Deckungsmöglichkeiten aus. In der Nähe des Wildwechsels spürte er die Herde und blieb stehen. Er wedelte erregt mit der Rute und blickte aufmerksam in Richtung der Beute. Der Wolf fixierte ein Jungtier, das unvorsichtig am Rand der Lichtung äste. Vorsichtig schlich er durch das Unterholz auf die Gruppe zu. Er wollte sich an die Rehe so weit heranpirschen, dass er seine Beute sicher anspringen konnte. Dabei setzte er die Pfoten langsam und bedächtig auf, dass kein Laut entstand, und kroch mit unglaublicher Geduld und Ausdauer näher heran.

Der Angriff erfolgte mit kräftigen, kurzen Sprüngen. Erschrocken sah das Kitz den dunkelgrauen Jäger auf sich zukommen und setzte mit einem Sprung zur Flucht an. In Panik stoben auch die anderen Tiere auseinander. Das Chaos nutzend, hetzte der Wolf dem Jungtier hinterher. Nach wenigen Metern hatte er den kleinen Bock erreicht und brachte ihn zu Fall. In Todesangst schrie das Tier auf. Der Wolf packte den Hals des Opfers und schlug seine Zähne kräftig hinein. Ein letzter, erstickter Schrei der Beute, dann verstummte sie. Die aufgescheuchten Wildtiere flüchteten in den dichten Wald.

Auf der Lichtung hielt der graue Räuber das tote Kitz in seinen Fängen am Boden fest. Forschend blickten seine Augen umher, ob ihm ein anderer Jäger seine Beute streitig machen wollte. Die spitzen Ohren drehten sich wie ein Radar. Dann packte er den Tierkadaver und zog ihn in das Dickicht des Waldes, um in Ruhe zu fressen.

Am späten Nachmittag erreichte der italienische Wolf den Wald, in dem das Wildgehege lag. Sein Herz klopfte heftig, als er in der Luft die ersten Geruchspartikel des Rudels ausmachte. Nach Monaten der Einsamkeit würde er gleich andere Wölfe sehen! Aufs Höchste gespannt, folgte er ihren Gerüchen. Er witterte auch Menschen, Autoabgase und eine große Anzahl Raubvögel.

Trotz des kalten Wintertages herrschte reger Betrieb im Tierpark.

Der Wanderwolf suchte sich ein Versteck in einem ausgehöhlten Baumstamm und wartete ab, bis es dunkel war und die Besucher den Park verlassen hatten. Dann kroch er aus seinem Schlupfwinkel und wanderte tiefer in den Wald hinein. Sein Ziel war das Gehege, aus dem er die anderen Wölfe riechen konnte.

Das Rudel hatte nach der Schaufütterung den Nachmittag mit Spielen verbracht. Als plötzlich die Witterung eines fremden Wolfes in der Luft lag, hielten alle Tiere gebannt inne. Die Fähe stieß ein Warnwuffen aus, und sofort rückte die Gruppe näher zusammen. Ihr Partner reckte den Kopf in die Höhe und ließ sein volltönendes Heulen erklingen. Die anderen stimmten ein.

Aus dem Gebüsch antwortete eine einzelne Stimme mit einem an- und abschwellenden Ton. Aufgeregt rannten die Timberwölfe an den Zaun. Der Wald erwachte zu vielstimmigem Gesang. Dunkle Alt- und

Baritonstimmen wechselten sich mit dem hellen Heulen der Jungwölfe ab.

Der italienische Wolf lief durch das Gestrüpp auf den Chor zu. Plötzlich endete der Wald und er stand auf einem breiten Weg. Er sah einen hohen Maschendrahtzaun und dahinter eine stattliche Anzahl schwarzer Wölfe, die hin- und herliefen. Ihre gelben Augen funkelten ihn feindselig an. Es waren große und kräftige Tiere, im Gegensatz zu dem kleinen und zierlich gebauten italienischen Wolf.

Ein paar der Älteren kamen an die innere Umzäunung, die im Abstand von einem Meter das Gehege vom äußeren Besucherzaun trennte. Die Jungtiere hielten sich unsicher zurück. Sie wurden von den Jährlingen beschützt.

Der Leitrüde stolzierte mit hoch erhobenem Schwanz am Gitter entlang und knurrte drohend. Dabei fixierte er den fremden, grauen Wolf. In seiner Erregung hatten sich die Rückenhaare zu einer Bürste aufgestellt. Wieder setzte er zu einem lang gezogenen Heulen an und sein Rudel stimmte sofort mit ein. Die Wölfin trat neben ihn und stupste seine Nase an, hob den Kopf und heulte mit. Die Timberwölfe zeigten dem Fremdling ihren geschlossenen Familienverband.

Der Graue winselte leise und lief geduckt am Zaun entlang. Seine Enttäuschung war groß. Wohin er auch lief, er reichte nie näher als einen Meter an die anderen Wölfe heran. So standen sie sich die ganze Nacht gegenüber: der schlanke grau-braune Wolf aus den italienischen Apenninen und das schwarze Timberwolfrudel.

Von gleicher Art, aber getrennt – nicht nur durch den doppelten Zaun. Der frei geborene Wolf hatte sein Rudel verlassen, als die Zeit dazu gekommen war, so wie es die Natur vorsah. Jenseits des Maschendrahts sah er ein paar junge Wölfinnen und sehnte sich danach, dass ihn eine von ihnen auf seinem weiteren Weg als Partnerin begleitete.

Das Timberwolfrudel hatte dagegen in Jahrzehnten komfortabler Gefangenschaft eine Hierarchie aufgebaut, in der jedes Familienmitglied seinen Platz hatte. Eindringlinge waren da unerwünscht. Sie stellten eine Bedrohung für die gewachsene Ordnung dar.

Als der Morgen graute, verzogen sich beide Seiten zu ihren Ruheplätzen. Der einsame Wanderer lief zurück zu der Stelle, wo er die Überreste seiner Mahlzeit hinterlassen hatte. Er stärkte sich und suchte unter einem überhängenden Felsen einen geschützten Platz zum Schlafen. Der Wolf drehte sich ein paar Mal um die eigene Achse und rollte sich schließlich zusammen.

Am folgenden Abend tauchte der Graue wieder am Zaun auf. Er wusste nun, dass die Wolfsgruppe ihn nicht angreifen konnte. Seine Körperhaltung war um einiges selbstsicherer. Das Rudel auf der anderen Seite fletschte die Zähne und heulte im Verein das Lied der Gemeinschaft. Frech antwortete ihnen der kleine Italiener und reizte den Leitwolf, indem er an einigen Zaunpfosten das Hinterbein hob und seine Markierungen setzte. Der Graue zeigte die Zähne und stolzierte mit geradem Rücken auf und ab. Aber durch die erzwungene Distanz passierte nichts weiter als Imponiergehabe und geknurrte Drohungen.

Der Wanderwolf erwachte aus seinem Schlaf. Tagsüber hatte es geschneit und eine dünne weiße Decke lag auf seinem Fell. Er stand auf und dehnte seinen Körper lang, dann schüttelte er sich den Schnee vom Pelz. Der Hunger trieb ihn zur Jagd. Er schlich durch das Unterholz auf den Wechsel zu, auf dem er das Kitz gerissen hatte, aber die Rehe hatten sich verzogen.

Der Jäger hielt seine Nase in den Luftstrom und witterte Geruchspartikel eines Hasen. Sogleich nahm er die Fährte auf. Der Schnee dämpfte seine Schritte und schon bald sah er eine hellbraune Kugel durch das Gestrüpp hoppeln. Der Wanderwolf schlug einen Bogen, um sich der Beute gegen die Windrichtung zu nähern. Geduckt schlich er heran, packte sein Opfer mit einem gewaltigen Satz und fraß es an Ort und Stelle auf. Nachdem er sich gesäubert hatte, hockte sich der Graue hin und blickte sich um.

Er hatte den Wald am nördlichen Ende erreicht. In einigen Metern Entfernung verlief eine asphaltierte Straße und dahinter hörte er das Plätschern eines Flusses. Das Nass lockte ihn, und so sprang er in wenigen Sätzen über die Fahrbahn und löschte seinen Durst. Als er den Strom durchquerte, reichte das eiskalte Wasser ihm bis zu den Knien. Am anderen Ufer angelangt, kletterte er die Böschung hinauf. Vor ihm breiteten sich abgeerntete Felder und Wiesen aus.

Der Wanderwolf drehte ein letztes Mal den Kopf und schaute zurück. Seine Augen leuchteten in der Dunkelheit. In der Ferne setzte das Heulen der Gehegewölfe ein. Der Graue atmete tief durch. Er hatte seine Artgenossen in der Eifel gefunden, jedoch aufgrund des Stahlzauns keine Möglichkeit der Annäherung. Der Zaun trennte sie unüberwindlich. Auch war es ihm nicht gelungen, der Wolfsfamilie ein Weibchen zu entlocken, mit dem er ein eigenes Rudel hätte gründen können.

Traurig winselte der Wanderwolf. Er musste weiterziehen und kehrte dem Tierpark den Rücken zu. Er würde dem uralten Instinkt folgen, bis er eine Partnerin und ein eigenes Revier gefunden hatte. Ein weiter Weg mit unzähligen Hindernissen lag noch vor ihm. In der modernen Welt suchte er seinen Platz.

Mit scharfen Augen überblickte er das offene Gelände vor sich. Als er sicher sein konnte, dass er allein auf weiter Flur war, setzte der Wolf seine Pfoten auf den gefrorenen Acker. Im geschnürten Trab lief er über die kahlen Felder in Richtung Norden. Der Abendstern strahlte durch die aufreißende Wolkendecke hindurch.

In den umliegenden Dörfern läuteten die Kirchglocken zur Christmette.

Familienbande

Hans-Jürgen Mülln

Das starke Schneegestöber machte den Tag zur Nacht. Obwohl der Autofahrer schlechte Sicht hatte, fuhr er deutlich zu schnell. Er würde sich verspäten, und das am Heiligen Abend, wenn die gesamte Familie zusammenkam! Er war am Vormittag zu spät losgefahren, hatte nicht damit gerechnet, dass sich der Winter so plötzlich zurückmelden würde. Er schaute auf die Uhr. Vielleicht klappte es doch noch. Also ließ er seinen Fuß auf dem Gaspedal stehen und raste weiter durch den dichten Wald des Nationalparks, den er als Abkürzung durchquerte, das geforderte Tempolimit dreist überschreitend.

Ein massiver, dumpfer Schlag gegen die Karosserie stoppte seine irre Fahrt. Die Vollbremsung ließ den Wagen querstehen. Der Fahrer schluckte den Schrecken, der ihm in die Glieder gefahren war, runter und besah, was er angerichtet hatte. »Gott sei Dank nur irgend so ein Scheiß-Vieh«, schoss es ihm durch den Kopf. Erleichtert schlug er die Fahrertür wieder zu und raste weiter – dem Weihnachtsabend entgegen.

Das Opfer, ein männlicher Jungwolf, lag seitlich flach hingestreckt mitten auf der Fahrbahn. Regungslos. Nur sein linker Hinterlauf zuckte unregelmäßig. Der Schnee rieselte unaufhaltsam auf den Vierbeiner nieder und deckte die Blutlache neben dem Oberschenkel allmählich zu.

Er hatte zusammen mit seiner Familie eine Hirschkuh gejagt, die schließlich in Panik über die Straße hinweg gelaufen war. Die vier Wölfe waren ihr nachgesetzt. Er hatte das Pech gehabt, als Letzter über die Fahrbahn gerannt zu sein. Und ihn hatte es erwischt. Schwer verletzt versuchte er, sich endlich aufzurichten, brach aber gleich wieder zusammen. Der linke Hinterlauf trug ihn nicht mehr. Er versuchte es ein zweites, drittes und viertes Mal, bis er erschöpft liegen blieb. Seine Sinne schwanden. Und das Schneegestöber wurde heftiger.

Eine leichte Berührung holte ihn in das Reich der Lebenden zurück, das er fast schon verlassen hatte. Er wachte aus seiner Bewusstlosigkeit auf. Mutter war an seiner Seite. Mutter! Die alte Graue stupste ihren Sohn zärtlich mit der Schnauze an und schnaubte ihm Leben in die Ohren: Nicht schlappmachen, Junge, ich bin bei dir! Sie gab ihm Sicherheit, nahm ihm die Angst und die Schmerzen, die ihn zu überwältigen drohten. Sie war so stark, seine Mutter.

Sie drängte ihn, sich aufzurichten. Aus Erfahrung wusste sie von der Gefährlichkeit der Menschen-Straße, auf der ihr Sohn lag. Mühsam kam er wieder auf die Beine – und brach erneut ein. Die Wölfin ließ nicht locker. Immer wenn er zusammenzubrechen drohte, trieb sie ihn an. Weiter, weiter! Inzwischen waren sein Vater, ein kräftiger, erfahrener Altrüde, und seine braun-graue Schwester, schlank und langbeinig, eingetroffen. Mit ihnen an seiner Seite schöpfte er Mut. Gemeinsam mit ihnen schleppte sich der schwer verletzte Jungrüden ins Unterholz, nur weg von der Straße, bis sie weit abseits ein Dickicht erreichten, das Schutz und Trockenheit versprach. Dort ließen sich Mutter und Sohn nieder. Sie drückte sich eng an den erschöpften und vom Fieber geschüttelten Jungwolf. Gab ihm Ruhe, Wärme und Sicherheit.

Die Schwester, leichtfüßig und ausdauernd, die beste Läuferin und Treiberin weit und breit, war mit ihrem Vater auf der Jagd, um den Bruder mit Kraft zu versorgen. Damit er schnell wieder auf die Beine kam. Sie trieben Rotwild auf und versetzten die Tiere in Angst und Schrecken, die ihr Heil in der Flucht suchten. Das war es, was sie bezweckt hatten, um die Beute zu bestimmen. Das schwächste Tier war von ihrem Vater schnell ausgemacht, und ihre Aufgabe war, es vor sich her zu hetzen, an jenen Punkt zu treiben, wo Vater, der erfahrene Jäger, bereits im Hinterhalt lauerte und zuschlagen würde. Die beiden waren als Team unschlagbar, eingespielt, raffiniert und auch an diesem Abend erfolgreich. Das gerissene Stück Wild war nicht allzu groß, aber es reichte aus, um die Familie, vor allem aber den verletzten Jungrüden, in dieser Nacht satt zu machen.

Der war inzwischen so schwach, dass er keine Energie mehr aufbringen konnte, das Muskelfleisch von den Knochen der Beute herunterzureißen, die Vater und Schwester im immer dichter werdenden Schneetreiben mühsam herangeschleppt hatten. Mutter übernahm es für ihn, die Fleischstücke und -fetzen weich zu kauen und sie schließlich vor seine Schnauze zu erbrechen. Er schlang die kleinen Brocken mit letzter Kraft, aber gierig runter. Stehend beobachteten Vater und Schwester die Szene. Ihre Köpfe hielten sie gesenkt, nachdenklich und voller Rücksichtnahme. Erst als der Sohn, der Bruder genug hatte, kamen sie hinzu und fraßen gemeinsam die Reste.

Aus dem heftigen Schneegestöber war ein ausgewachsener Schneesturm geworden, der durch den Nationalpark tobte und – hätte man es in der Finsternis sehen können – die hohen Tannen bedenklich hin und her peitschte. Selbst durchs Dickicht, in das sich die Wolfsfamilie zurückgezogen hatte, rasten die entfesselten Winde gnadenlos und hart hindurch. Der verletzte junge Rüde zitterte. Trotz des dichten Winterfells fror er erbärmlich. Mutter, Vater und Schwester legten sich zusammengerollt eng um ihn herum, einen Schutzwall bildend, ihn wärmend, aber was noch wichtiger war: ihm Geborgenheit gebend. Endlich nickte er ein, entspannte, ließ sich fallen und überließ sich inmitten seiner Familie der heiligen Wolfsnacht.

Zwei Wochen waren ins Land gegangen, als die Wolfsfamilie wieder gesehen wurde. Vollzählig! Der offensichtlich genesene junge Rüde humpelte zwar noch immer leicht, wenn er sich auf der Lichtung bewegte, aber er lebte und schien stabil zu sein. Er blickte rüber zum Wald, aus dem plötzlich seine Mutter herausgelaufen kam, auf ihn zuhaltend, und dabei heftig mit dem Schwanz wedelte. Schwester und Vater folgten kurz darauf. Auch ihre Hinterteile schienen ein lustig anzuschauendes Eigenleben zu entwickeln, je näher sie ihm kamen. Schließlich sprangen sie alle um ihn herum. Kein Zweifel, jeder Mensch, der es gesehen hätte, könnte nicht anders urteilen: Sie führten einen Freudentanz auf.

Wanderer

Claudia Overbeck

Das Knirschen des Ledersattels im Rhythmus der Pferdeschritte wiegte sie in Sicherheit. Carlos schnaubte entspannt und bog seinen schönen Hals nach unten, zog Carola die Zügel ein wenig aus der Hand. Als der grell mit Graffiti besprühte Stromkasten in Sicht kam, hob er den Kopf und spielte nervös mit den Ohren. Carola nahm die Zügel kürzer. Ihr Fuchs drückte den Rücken ein wenig durch, seine Hinterhand scherte aus und er tänzelte an dem Kasten vorbei, ohne ihn aus den Augen zu lassen.

»Was bist du doch für ein Angsthase«, sagte Carola leise. »Schon sechs Jahre alt und immer noch Angst vor ein paar hübschen Bildern?« Als Carlos den Metallkasten hinter sich gelassen hatte, ging er wieder ruhiger und schaute sich interessiert um. Mit jedem Schnauben stieß er Dampfwölkchen in die kalte Winterluft. Sie klopfte ihm lobend den Hals. »Hast du gut gemacht. Du bist ein wahrer Held.«

Als sie den Waldweg einschlugen, ließ sie ihm mehr Zügel, hob den Kopf und schaute in die Baumkronen über sich. Lange konnte sie sich nicht entspannen, das wusste sie. Carlos war sehr nervös im Gelände. Bis er endlich so müde war, dass er einfach keine Lust mehr hatte, hysterisch zu reagieren, musste sie auf der Hut sein.

Plötzlich blieb der Fuchs stehen. Er schnaubte, diesmal nicht entspannt, sondern erregt. Warf den Kopf hoch und als sie versuchte, ihn vorwärtszutreiben, begann er wieder zu tänzeln.

»Was ist denn jetzt schon wieder, hm?« Sie spähte ins Unterholz, konnte aber nichts Aufregendes entdecken. Das Pferd schien da anderer Meinung zu sein. Es ging keinen Schritt vorwärts. Als ihm ein Ast an sein Hinterbein stieß, sprang es entsetzt vor. Ein paar kurze Galoppsprünge und Carola hatte ihn wieder unter Kontrolle. »Mann, Carlos, mach nicht so ein Theater.« Sie beugte sich vor, kraulte ihn zwischen den Ohren. Er schüttelte die Mähne, schaute mit geblähten Nüstern in das Gebüsch auf der rechten Seite und ging mit hoch erhobenem Kopf daran vorbei. Seine Augen waren weit aufgerissen und so verdreht, dass man das Weiße darin sehen konnte. Sie klopfte erneut seinen Hals, lobte ihn mit leiser Stimme und ließ ihn antraben. Weg wollte er, schnell weg, das spürte sie. Aber sie ließ ihn nicht in Galopp fallen. Carlos kaute nervös auf dem Gebiss und Schaumflocken fielen von seinem Maul auf den Boden. »Meine Güte, Carlos … Da ist doch nichts.«

Sie ließ ihn traben und langsam wurde er ruhiger, lief gleichmäßig unter ihr, und sie freute sich über seine kraftvollen Bewegungen. »Du bist ein Spinner. Angst vor einem Kaninchen, hm?« Ihr Blick richtete sich wieder auf den Weg vor ihnen.

Auf der anderen Seite der ausgedehnten Koppeln, die jetzt am Winteranfang verwaist da lagen, konnte Markus die geschwungene Auffahrt des Hotels sehen, den Hügel hinauf, gesäumt von schönen Gehölzen, die schon vor einiger Zeit ihre Blätter abgeworfen hatten. Das teilweise bewaldete Areal wurde von zwei Gärtnern gepflegt, die das ganze Jahr fest angestellt waren. Der Weg um die Pferdeweiden herum zu seinem Arbeitsplatz war für ihn etwas länger als der besser befestigte Weg an der Straße, aber das war kein Grund, ihn nicht zu wählen. Wenn Markus hier entlang zur Nachtschicht ging, hatte er schon oftmals Carola getroffen. Er wusste, dass sie meist am späten Nachmittag ins Gelände ritt.

Zwischen Straße und Koppelzaun lief ein schmaler Pfad. Kein Weg für Fußgänger, sondern für die Reiter, die ihre Pferde auf dem Reiterhof untergestellt hatten, auf der anderen Seite der Dorfstraße. Beim Stromkasten bog der Pfad nach rechts und führte dann, an der Westseite von einem Maisfeld begrenzt, das aus irgendeinem Grund noch nicht abgemäht worden war, zu einer Weggabelung. Rechts gelangte man auf einen schmalen Fußweg zum hinteren Teil des Hotelgeländes, links auf den Weg, der am Wald entlang in die Feldmark mit ihren ausgedehnten Reitmöglichkeiten führte.

Markus blieb an der Gabelung stehen und schaute den Weg zurück. Vor ein paar Tagen hatte es den ersten Frost gegeben. Jetzt standen auch die letzten Bäume still und grau ohne ihr Laub da, blickten schweigend auf das leblose Gras der Koppeln und die bewegungslosen, spröden Blätter der Maisstauden. Er konnte niemanden sehen, war vollkommen allein an diesem Abend. Schade. Er hätte mit viel mehr Spaß und Schwung gearbeitet, wenn er Carola noch getroffen hätte. Gerade heute. Die erste Weihnachtsfeier würde ihm eine lange Arbeitsnacht bescheren. Enttäuscht wollte er weitergehen, aber da sah er eine Bewegung auf dem Waldweg. Er schaute angestrengt hin. Ein Hund. Das Tier blieb stehen und blickte ihn an. Die beiden beäugten sich misstrauisch. »He, komm her.« Der Hund zuckte zusammen, sprang zwei Schritte rückwärts und blieb wieder stehen. »Na, komm schon her.« Als Markus den Arm hob, sprang der Hund hoch, um dann mit einem Satz im Gebüsch zu verschwinden. Seltsam. Vielleicht war er weggelaufen und hatte jetzt Angst, erwischt zu werden … von wem auch immer. Markus schaute sich noch einmal um und ging dann weiter. Dachte an Carola.

Felix hatte sich zwischen den Büschen verborgen, verhielt sich ganz ruhig. Er lauschte auf ihre Stimmen. Still hockte er in seinem dürftigen Versteck, die Kälte kroch ihm in die Beine. Als sie an ihm vorbeigingen, kniff er fest die Augen zu. Sie bemerkten ihn nicht. Hoffentlich würden sie jetzt aufgeben. Als er einen Vogel singen hörte, fühlte er sich sicher. Aber kaum hatte er sein Versteck verlassen, konnte er sie wieder hören.

»Feeeliiix? Wo steckst du denn? Komm lieber raus da.«

Er lief geduckt am Koppelzaun entlang. Das gefrorene Gras knisterte unter seinen Stiefeln. Ihre Stimmen klangen weit weg, der Weg nach Hause war frei. Er bog um die Ecke der Pferdeweide und musste fast lachen. Ein Triumphgefühl breitete sich in ihm aus. Entwischt. Entkommen.

Er blieb mit einem Ruck stehen. Vor ihm stand ein großer, grauer Hund. Sie blickten sich an. Felix fürchtete sich vor Hunden. Vor allem vor riesigen Hunden. Dieser hier war … furchterregend. Er starrte ihn aus schrägstehenden, leicht gelblichen Augen an. Rührte sich nicht. Felix bekam immer mehr Angst. Jetzt hörte er ihre Stimmen wieder lauter werden.

»Geh doch weg, Hund«, sagte er zitternd. Der Hund senkte ganz leicht den Kopf, zog eine Lefze hoch und Felix konnte einen der Eckzähne sehen. Oh nein, dachte er. Nicht angreifen. Er ging einen Schritt vor, weil er vor dem Hund doch weniger Angst hatte als vor den Jungs. Jetzt zeigte ihm das Tier auch den zweiten Eckzahn, fletschte die Zähne, rührte sich aber nicht. Den Schwanz hatte es zwischen den Hinterbeinen eingekniffen.

Was hatte er in der Schule gelernt? Angelegte Ohren waren ein Zeichen für Angst. Die Ohren des Hundes waren jedoch hoch aufgerichtet. Drohte er ihm? Warum aber dann der eingeklemmte Schwanz? Vielleicht war er genauso unsicher wie Felix. Der Hund schaute ihn immer noch starr an. »Hey du, lass mich durch. Und bitte … Geh auch weg hier. Sie kommen.«

Der Hund legte den Kopf schräg, schaute an Felix vorbei. Der drehte sich um. Da standen sie. Grinsend. Felix zuckte zusammen, rannte los. Der Hund war weg. Einfach nicht mehr da. Hatte er sich ihn nur eingebildet?

»Bleib doch stehen!«, riefen sie hinter ihm. »Du bekommst doch nur dein Geburtstagsgeschenk von uns. Dann musst du nicht bis morgen warten.«

Felix lief durch den von Pferdehufen aufgewühlten, tiefen Sand. Er keuchte und wäre fast gefallen. Aber er war schnell und hatte Ausdauer. Sein Triumphgefühl stellte sich wieder ein. Er lachte auf und lief weiter. Keine Chance, ihr Flaschen, dachte er.

Klaus hatte den halben Tag auf dem Reiterhof verbracht, Aufnahmen der Anlage gemacht, einige Pferde und Reiter fotografiert. Ein kleiner Auftrag, obwohl er viel Zeit investieren musste. In einer Sonderbeilage des Lokalblattes sollte darüber berichtet werden. Familie Heitmann hatte den Hof vor fünf Jahren übernommen und seitdem wurde umgebaut und erweitert. Neben eigenen Pferden standen auch Pensionspferde in den geräumigen Boxen, es wurden Reitstunden gegeben und Ferienkurse angeboten. Jetzt war endlich der Bau der Reithalle abgeschlossen und die Tiere konnten auch im Winter problemlos bewegt werden.

Fehlt eigentlich nur noch Fahrunterricht, dachte Klaus. Er stand am Waldrand mit Sicht auf den Reithof, hatte noch einige Bilder der weitläufigen und gepflegten Weiden gemacht. Frau Heitmann hatte ihm erzählt, dass im Frühsommer ein Geländeturnier geplant war. Immerhin etwas Neues.

Klaus ging langsam Richtung Straße, ließ seinen Blick aufmerksam über das Areal schweifen. Wenn die Aufnahmen trotz des trüben Wetters gut geworden waren, würde er vielleicht einige Bilder an die Inhaber verkaufen. Für ein Hausprospekt. Mittlerweile konnte ja leider jeder halbwegs Begabte mit einer Digitalkamera gute Fotos machen. Und sie zu bearbeiten, war auch kein Problem. Er hoffte, dass die Eigentümer des Hofes zu den Menschen gehörten, die zu faul waren, sich mit der Technik zu beschäftigen.

Er dachte an Stefan, den neuen Kollegen. Immer zur richtigen Zeit am richtigen Ort. Schnell, fast schon hektisch, sauste er durch die Gänge der Redaktion. Kann ich machen, kann ich machen. Alles riss er an sich. Alles, was Aufmerksamkeit brachte und auffiel. Er schrieb für die Sonderbeilage den Bericht über das Golfhotel. Reiter? Wie langweilig. Das kann doch Klaus machen.

Klaus schnaubte, blieb stehen, um sich eine Zigarette anzuzünden. Morgen wurde er neunundvierzig. Noch ein Jahr und dann stand da nicht mehr eine harmlose Vier an der Zehnerposition, dann begann ein neues Zeitalter. Wie alt war wohl Stefan? Anfang Zwanzig? Ob er lange bleiben würde? Bei diesem kleinen Käseblatt? Klaus nahm einen tiefen Zug und schaute sich um.

Am Feldrand stand ein Hund. Groß und grau. Ein wenig zottelig sah er aus. Keines der Tiere, mit denen sich das reitende Volk schmückte. Sah aus wie ein Mischling. Irgendetwas mit Schäferhund. Klaus schaute sich um. Kein Mensch in Sicht. Ein Streuner? Der Herumtreiber pustete. Ja, wirklich, er pustete. Als fühlte er sich ein wenig genervt. Oder interpretierte Klaus da etwas in das Tier hinein?

»Na du, auch ein bisschen müde?« Der Schäferhund wich einen Schritt zurück, schob sein Hinterteil in das Maisfeld. Dann nicht, dachte Klaus und ging weiter. Der Hund zog sich zurück. Als Klaus an der Stelle vorbeikam, an der er gestanden hatte, spähte er zwischen die spröden Stauden, aber er konnte nichts mehr von dem Tier sehen.

Carola trat aus der Stallgasse und zog Carlos hinter sich her. Die Sonne strahlte vom Himmel. Geburtstagswetter. Sie saß auf und ritt langsam vom Hof. Ihre Eltern hatten heute Morgen noch geschlafen. Ungewöhnlich. Vielleicht war das Absicht? Planten sie eine Überraschung? Sie wussten, dass Carola heute schon früh mit dem Pferd ins Gelände wollte, weil heute Abend die Gäste ihr keine Zeit lassen würden. Carlos musste jeden Tag raus. Er sollte ruhiger werden, schließlich wollte sie ihn nächstes Jahr bei einer Geländeprüfung reiten.

Sie dachte an den Zwischenfall vom gestrigen Abend. Dass er im Wald gescheut hatte, bekam einen ganz anderen Beigeschmack, nachdem sie heute Morgen den Bericht über den Wolf gelesen hatte. Sie wollte trotzdem wieder in die Felder reiten. Carlos ging ruhig am langen Zügel. Keine Nervosität zu spüren. Sie lockerte ihre Schultern. Dieses verwischte Bild in der Zeitung sagte doch nichts aus. Dieser Jäger wollte sich sicher nur wichtig machen. Sie mochte Jäger nicht. Ständig mäkelten sie an den Reitern herum. Ihr sollt hier nicht reiten, ihr sollt nicht im Galopp hier entlang. Blabla …

Carlos warf unvermittelt den Kopf hoch. Sie schaute sich schnell um. Und da stand er. Mitten auf dem Weg. Ein Hund? Der Wolf? Ihr Pferd war kaum noch zu bändigen. An dieser Stelle war der Reitweg sehr schmal. Sie konnte nicht wenden.

Carlos war anderer Meinung. Er ging rückwärts, tänzelnd, leicht steigend. Der Wolf schaute interessiert. Er sprang plötzlich ein Stück vor. Das war zu viel für Carlos. Er schnaubte laut, stieg hoch auf und drehte sich um die eigene Achse. An der rechten Seite war der Koppelzaun, deswegen drückte er sich nach links in das Maisfeld. Sackte tief in die weiche Erde des kleinen Grabens, umgeben von dem aufdringlichen Geraschel der Stauden, was ihn zusätzlich in Panik versetzte. Carola wurde aus dem Sattel geworfen. Sie hielt sich noch an den Zügeln fest, aber die wurden ihr jetzt auch aus der Hand gerissen. Carlos kippte nach hinten über, überschlug sich und streifte im Fallen mit dem Huf des einen Hinterlaufes Carolas Helm. Sie fiel in den Graben und verlor sofort das Bewusstsein.

Markus zog seine Jacke über und machte sich auf den Nachhauseweg. Er war müde, trotz des Kaffees, den er noch vor einer Stunde getrunken hatte. Er dachte an den Hund, der wohl ein Wolf gewesen war. Verrückt, ein Wolf! Mitten in einem besiedelten Gebiet.

Sein Kollege hatte ihm die Zeitung grinsend zugeschoben. »Hattest du schon Geburtstagsbesuch, Herr Wolff?«

Markus hatte schwach lächelnd den Artikel gelesen. Ob Carola dem Wolf gestern Abend auch begegnet war? Hoffentlich nicht. Sie hatte ein neues Pferd, ein ziemlich nervöses. Markus kannte Carola schon lange. Die erste Zeit, als ihre Eltern den Hof gekauft hatten, hatten sie oft im Hotel gegessen. Und zeitweise auch dort geschlafen. Sie war immer sehr nett gewesen, aber auf eine reservierte Art. Als würde sie eine Rolle spielen. Die freundliche, reiche Erbin, die sich nicht die Blöße gibt, das Personal schlecht zu behandeln. Trotzdem hatte er sich in sie verliebt. Rettungslos. Seit Jahren himmelte er sie jetzt an. Er hatte auch herausbekommen, dass sie am gleichen Tag Geburtstag hatten. Heute. Er lächelte. Ein Grund, sie anzusprechen. Oder sollte er ihr irgendeine romantische Nachricht an den Weg hängen? Einen Brief? Blumen?

Als Markus aus dem Wald trat und an dem Maisfeld entlangging, sah er einen grauen Schatten im Wald verschwinden. Und dann das fliehende Pferd. Carolas Fuchs! Er lief so schnell er konnte den Weg entlang. Carola! Sie lag neben einer völlig zertrampelten Stelle am Feld und blutete. Sie war mit dem Kinn auf einen Stein geschlagen.

»Carola?«, flüsterte er. »He, du …« Er fühlte ihren Puls. In Ordnung. Beugte sich vor. Hörte ihren Atem. Gut! Streichelte ihre Wange. »Carola?«

Sie öffnete die Augen. »Ha … Hallo?« Sie richtete sich auf, zog scharf die Luft ein und griff sich ans Kinn. »Wo …?"

»Dein Pferd ist eben weggelaufen. Scheint sich nicht verletzt zu haben. Wie geht es dir?« Sie nahm die Hand vom Kinn und schaute auf das Blut an ihren Fingern. »Lass mal sehen.« Markus schaute sich die Wunde aufmerksam an. »Platzwunde würde ich sagen.«

Sie versuchte, aufzustehen. Er half ihr, aber sie schob seinen Arm weg. »Geht schon.« Von plötzlichem Schwindel ergriffen, fasste sie nach seinem Arm und er hielt sie fest. Sie lehnte sich leicht an ihn. »Danke.«

Er lächelte und murmelte: »Happy Birthday.«

Sie schaute zu ihm hoch. »Woher …?«

Markus zuckte mit den Schultern, legte den Arm um ihre Taille und zog sie weiter. Arm in Arm gingen sie den Weg entlang.

Felix fühlte eine Gänsehaut über seinen Rücken laufen. Ein Wolf. Er hatte einem Wolf gegenübergestanden. »Mama?«

»Ja?«

»Der Hund gestern … Das war ein Wolf.« Er schob ihr die Zeitung zu.

»Oh … mein Gott.« Ihr entsetzter Blick tat ihm gut. »Du musst vor Angst gestorben sein.«

»Nein, der Wolf war nicht so schrecklich wie …«

»Wie wer?«

»Ich muss los.« Felix sprang auf und schnappte sich seine Tasche.

Auf dem Weg zur Schule begegnete er den anderen. Sie standen grinsend und über die ganze Straße verteilt da. Wippten in den Hüften wie Revolverhelden in einem Western. Er ging langsamer.

»Hallo, Hasenfuß«, rief Paul. Die anderen lachten.

Felix holte tief Luft. »Ich hab keine Angst. Ich hab gestern den Wolf gesehen.«

Die Jungs schauten kurz erstaunt, lachten dann wieder. »Ja, klar, dann hättest du doch heute noch die Hosen voll.«

»Ist wahr.« Felix blieb stehen. Er drehte den Kopf zur Seite und da stand er – der Wolf. Die anderen folgten seinem Blick. Wichen zurück.

»Geh da weg, Felix.«

Felix blieb stehen. Er spürte ein angenehmes, aufregendes Kribbeln zwischen den Schulterblättern. Keine Gefahr für Menschen, dachte er.

Die gelblichen Augen musterten ihn. »Wolf«, flüsterte er. »Hilf mir.« Der Wolf bewegte sich ein wenig. Ging etwas zur Seite, schaute zu den anderen. Schaute wieder zu Felix. »Los. Bitte.« Er senkte leicht den Kopf und schaute wieder zu den anderen. Felix holte tief Luft und ging auf den Wolf zu. Die Jungs rissen die Augen auf.

»Bist du verrückt?«

Der Wolf zögerte, wich ein wenig zurück. Felix ging weiter. Er hörte jetzt ein leises Knurren, sah wieder, wie sich die Lefzen hoben. Der Wolf sprang vor, aber nicht in Felix Richtung, sondern auf die anderen zu. Sie liefen laut schreiend davon. Der Wolf änderte sofort die Richtung, sprang in das Unterholz und war fast augenblicklich verschwunden.

Als Felix den Schulhof betrat, verschwitzt in der dicken Jacke und mit immer noch wild klopfendem Herzen, standen die anderen zusammen und starrten ihn an. Sie sagten nichts, als er an ihnen vorbeiging und das Gebäude betrat. Jeder Schritt ein Sieger.

Klaus streifte schon den ganzen Morgen und den halben Vormittag durch die Gegend. Er wollte ihn fotografieren, wollte ein scharfes und gutes Bild des Wanderers liefern. Ein Wolf. Das war aufregend. Das bereitete den Leuten eine Gänsehaut. Die nächsten Tage würde niemand mehr abends das Haus verlassen ohne das Gefühl, sich in ein Abenteuer zu begeben. Ach, bei meinem Glück ist der doch längst weitergezogen, dachte er. Ich komme doch immer zu spät. Er setzte sich auf einen gefällten Baum, der ein paar Meter abseits des Weges an einer lichten Stelle im Wald lag.

Er dachte an seine Frau, die seinen Geburtstag vergessen hatte. Wie jedes Jahr. Als wäre das nicht eigentlich die Aufgabe des Mannes. Er vergaß ihren Geburtstag nie. Auch nicht die der Kinder. Oder ihren Hochzeitstag. Und am Valentinstag stand er auch nie mit leeren Händen da. Obwohl sie ihm dann vorwarf, das wäre nur eine Show, die er abzog. »Na, wenn du Zeit hast, an so etwas zu denken, dann kannst du ja nicht viel zu tun haben.« So ein Blödsinn.

Bestimmt dachte der Neue auch, dass Klaus nicht viel leistete. Wie er ihn immer von der Seite anschaute. Ihn beobachtete, nach Fehlern schielte.

Der Wolf war ein Geburtstagsgeschenk. Eine Chance, mal wieder auf sich aufmerksam zu machen.

Klaus hörte etwas knacken. Er schaute sich um, bewegte sich langsam. Kein Wolf, verdammt … ein Mann. Stefan. Mistkerl. Er war bestimmt auch auf der Jagd nach einem Foto. Und er hatte bestimmt …

»Hallo.« Stefan blieb stehen.

Klaus schaute hoch. »Setz dich«, sagte er müde. »Ist zwar kalt hier, aber trocken.« Stefan setzte sich neben ihn. »Bist du auch auf der Jagd nach dem Wolf?«

»Nein.«

»Nein?« Er schaute Stefan an, der tatsächlich keine Kamera dabei zu haben schien. »Was suchst du dann hier? Joggen?«

»Nein.« Stefan lachte. »Ich bin schon auf der Jagd.«

»Ja? Und willst du dein Wild tothetzen oder wo ist dein Gewehr?«

»Ich … will mein Wild nicht töten. Ich will es nur stellen und in die Enge treiben.«

»Aha.« Bastard. Klar, der meint mich. Aber so leicht wird das nicht. »Ich lasse mich nicht in die Enge treiben.«

»He, ich will dich nicht erlegen, sondern erobern.«

»Was?«

»Alles Gute zum Geburtstag.« Stefan beugte sich zu ihm und drückte ihm seine Lippen auf den Mund.

Der Weihnachtswolf

Tanya Carpenter

In der letzten Nacht war frischer Schnee gefallen. Er glitzerte im Licht der aufgehenden Morgensonne wie ein Meer aus Diamanten. Unberührt, unschuldig, weiß.

Katara verharrte ehrfürchtig unter der kleinen Kiefer auf dem Hügel und blickte in das Tal hinab. Nicht die geringste Spur verunzierte den leuchtenden Teppich. Einerseits war der Anblick so atemberaubend, dass es ihr das Herz zusammenzog und sie sich wie eine Frevlerin vorkam, wenn sie auch nur einen Schritt hinein in diese von Mutter Natur geschaffene Perfektion tat. Andererseits zog es ihr aber auch den Magen zusammen, denn keine Spur bedeutete in diesem Fall leider auch keine Beute. Kein Eichhörnchen, kein Hase, nicht einmal eine Maus. Die Wölfin seufzte. Erneut schien es ein hungriger Tag für sie zu werden.

Sie ließ den Kopf hängen und dachte an ihr Rudel zurück. An die schönen Jahre mit ihren Eltern und Geschwistern. Die Sicherheit des Rudels, Geborgenheit und Liebe. Die gemeinsame Jagd und der Schutz der Gemeinschaft. Das alles war dahin. Innerhalb eines Wimpernschlages. Fortgerissen von einem ähnlichen weißen Meer wie diesem, das vor ihr lag. Nur dass das andere wild und grausam gewesen war und ihre Familie ausgelöscht hatte, während dieses hier so sanft und unschuldig dalag, dass es sie beinah einlud, sich hinein zu kuscheln und zu vergessen. Es war so trügerisch.

Als sie ihre Eltern gefunden hatte, war der Schnee um sie herum auch wieder still gewesen. Ebenso still wie die beiden. Ihre Geschwister hatte sie gar nicht mehr gefunden. Katara hoffte nur, dass es schnell gegangen war und die Kleinsten nicht zu viel Angst hatten erleiden müssen.

Jetzt war sie alles, was von ihrer Familie übrig geblieben war. Eine Verantwortung, die sie nie gewollt hatte und von der sie nicht wusste, ob sie ihr standhalten konnte. Wenn sie nicht bald etwas zu fressen fand, würde sie schon an der allerersten Hürde scheitern – dem Überleben. Und so setzte Katara ihre Pfoten in das jungfräuliche Weiß, hinterließ ihre Spuren, so wie das andere Weiß seine Spuren in ihrer Seele hinterlassen hatte, und suchte sich einen Weg durch den Tiefschnee. Weiter unten im Tal würde sie vielleicht mehr Glück haben. Dort gab es mehr Aussicht auf Beute. Darauf musste sie jetzt vertrauen, ehe der Hunger sie in den Wahnsinn trieb.

Weihnachtswölfe gibt es nicht!

»Ahhhhh! So wird das nie was!«, stieß ich aus und löschte zum hundertsten Mal die ersten fünf Sätze meines neuen Romanprojektes, weil ich nichts Vernünftiges zustande brachte, solange dieser eine Satz durch meinen Kopf geisterte. Und er hielt sich hartnäckig! Dabei war es über zwanzig Jahre her, dass mein Vater ihn zu mir gesagt hatte. Ein liebevoller Tadel für meine allererste Geschichte, die so gar nicht den Tatsachen entsprach, denn Wölfe – das hatte mir mein alter Herr im Anschluss eindringlich erklärt – wurden nie im Winter geboren. Zu Weihnachten schon gar nicht. Also konnte auch kein Wolfswelpe unter dem Weihnachtsbaum des Indianermädchens hocken. Darüber, dass Indianer wohl auch kein Weihnachten feiern, hatte Dad damals kein Wort verloren. Hauptsache, ich begriff das mit den Wölfen. Das war ihm ungemein wichtig. Seine Tochter durfte da keine Bildungslücken aufweisen. Das wäre peinlich gewesen.

Ich seufzte und suchte im Stillen nach einer Ausrede, um diesen Roman nicht schreiben zu müssen. Das war einfach nicht mein Genre. Das war nicht mein Thema. Meine Agentin musste nicht ganz zurechnungsfähig gewesen sein, als sie diesen Deal für mich abschloss. Genau genommen waren das auch die ersten Worte gewesen, die ich ihr entgegnet hatte, als sie mich darüber in Kenntnis setzte. Nicole jedoch war völlig ungerührt geblieben.

»Aber Mandy, was soll denn das? Das ist deine große Chance. Sowas bietet sich einem nicht alle Tage. Und ob nun Fantasy oder wildromantische Wolfsgeschichte, wo ist denn da der Unterschied? Im Grunde laufen doch alle Lovestorys nach Schema F ab, oder?«

Dem Argument hatte ich nicht einmal etwas entgegenhalten können, woraufhin sie sofort in die nächste Kerbe schlug. »Außerdem ist das doch dein Thema. Ich dachte, dein Vater hat jahrelang mit Wölfen gearbeitet. Also kennst du dich doch bestens aus. Das wird schon.«

Ich verfluchte Nicole dafür, dass sie mir das vor Augen gehalten hatte. Wenn sie meinen Vater aus dem Spiel gelassen hätte, wären mir jetzt wohl nicht ständig seine fachlichen Erklärungen in den Sinn gekommen, die jeden kreativen Prozess im Keim erstickten. Es gibt keine Weihnachtswölfe!

Und die Story, die mir den Weg in die Bestsellerlisten ebnen sollte, musste ausgerechnet von einem Wolf im Winter handeln. Von Freiheit, dem Ruf des Herzens und einer großartigen Liebesgeschichte, die irgendwie mit dem Wolf verwoben war. Dabei waren Werwölfe ausdrücklich untersagt, denn es durfte kein Fantasy-Roman werden. Eher etwas mit Naturschutz, Wildtierrettung oder einer Protagonistin, die nach einem Unglück auf wundersame Weise in der Wildnis von einem Wolfsrudel gerettet und ihrem Mr. Right in die Arme geführt wurde. Wie innovativ und realistisch!

Der Gedanke löste den zweiten Leitsatz meines Vaters in meinen Erinnerungen aus. Ein kleines Detail, das meine Agentin bei der Ansicht, es sei »mein Thema«, übersehen hatte, war nämlich, dass mein Dad sein Leben lang Gehegewölfe erforscht hatte. Und nachdem ich gelernt hatte, dass es keine Weihnachtswolfswelpen für kleine Indianermädchen gab, hatte er mir noch nachhaltig ins Gedächtnis gemeißelt, dass man Gehegewölfe niemals mit freilebenden Wölfen vergleichen konnte.

»Das liegt an der Enge. In der freien Natur würden einzelne Tiere abwandern, wenn sie erwachsen werden, um Konflikte zu vermeiden. In den Gehegen können sie das nicht. Und sie haben auch nicht die Möglichkeit, sich ihre Gefährten, ihr Rudel auszusuchen. Ein freies Wolfsrudel besteht aus einem Familienverbund, wodurch die sozialen Interaktionen und auch die Rangfolge auf natürliche Weise gelenkt werden. Solch eine Entwicklung der Sozialkompetenz und der nichtaggressiven

Konfliktlösung auf Basis gewachsener Strukturen kennen Gehegewölfe gar nicht. Oft sind es nicht einmal Familien. Die armen Geschöpfe müssen sich mit unserer Wahl arrangieren, wie wir sie zusammenstellen. Bei Konflikten kann das zu ernsten Kämpfen führen. Das käme in freier Wildbahn in einem Rudel nicht vor. In einem Familienverband ist einer für den anderen da. Der Zusammenhalt ist die Stärke der gesamten Gruppe. Sozialverhalten ist elementar für freilebende Wölfe. Es ist eben ein gewachsenes Rudel, wir hingegen haben nur Gruppen. Das können wir Rudel nennen, solange wir wollen, es wird nie eines sein.«

Blablabla. Langsam tauchte ich aus meinen Erinnerungen wieder auf. Ich wusste all das. Es war mir so tief ins Hirn geimpft, dass ich schon als Teenager beschlossen hatte, es den Wölfen gleichzutun und abzuwandern. Die Welt meines Vaters war nicht meine und würde es niemals sein. Welch Ironie des Schicksals, dass mich nun der Megadeal meiner Agentin wieder genau in dieses Metier führte, dem ich zu entkommen versucht hatte. Ich sah meinen Vater vor mir, wie er am Zaun seiner Gehege stand und die grauen und schwarzen Wölfe darin beobachtete. Stundenlang. Regungslos. Er war mir noch immer so vertraut nach all den Jahren – mit seinen dichten Augenbrauen, dem wettergegerbten Gesicht und dem sanften Lächeln. Diese innere Ruhe, die er allzeit ausstrahlte, hatte mich manchmal zur Weißglut gebracht. Man hatte sich mit ihm nicht einmal streiten können. Er lebte die Sozialkompetenz der wilden Wolfsfamilie. Er hatte sie gelebt …

»Das ist doch alles Mist!«, fluchte ich leise. Damit meinte ich nicht nur die störenden Vorträge meines inzwischen leider verstorbenen Vaters, die mir durch den Kopf geisterten. Auch wenn sie gerade ein Gefühl abgrundtiefer Verlorenheit und Sehnsucht in mir wachriefen, weil ich ihn unsagbar vermisste und all die harschen Worte bereute, die ich ihm entgegengeschleudert hatte. Keines davon hatte er mir je vorgeworfen. Er hatte es mir nicht einmal mit gleicher Münze heimgezahlt. Er war einfach nur gestorben und hatte mich jeder Möglichkeit beraubt, mich zu entschuldigen und ihm zu sagen, wie sehr ich ihn doch liebte. Ihn – und seine Wölfe.

Aber neben diesen Erinnerungen hinderte mich noch eine weitere Tatsache daran, diesen vermaledeiten Roman zu schreiben: Man konnte sich im sonnigen Miami bei dreißig Grad im Schatten nicht in Winterstimmung bringen, auch nicht kurz vor Weihnachten. Wie sollte ich mir dicke Winterkleidung ausmalen, während ich im Bikini vor dem Ventilator schwitzte? Und wie schilderte man glaubhaft schneebedeckte Ebenen und Kiefern, wenn der einzige Schnee, den man hier fand, ein weißes Pulver war, von dem man besser die Finger ließ?

Es half alles nichts, so würde ich das Manuskript nie im Leben bis zum gewünschten Termin fertigstellen. Aus der Traum vom Großverlag und dem Durchbruch als Romanautorin. Natürlich hatte Nicole recht, dass es die Chance meines Lebens war und es albern gewesen wäre, sie wegen des neuen Genres abzulehnen. Aber wenn ich die Chance nicht nutzen konnte, brachte mir der Deal gar nichts. Rückzieher gab es für mich nicht. Hatte es nie gegeben. Irgendwie hatte ich mich immer durchgebissen. Egal ob früher bei meinem Dad oder später bei meine Schreiberei. Vermutlich war auch das der Grund, warum Nicole vollstes Vertrauen in mich setzte, und ich wollte meine Agentin nicht enttäuschen. Von den Rechnungen, die ich mit dem Vorschuss hatte bezahlen können, ganz zu schweigen. Den wieder zurückzahlen zu müssen, konnte ich mir einfach nicht leisten.

»Also gut. Bringen wir uns in die richtige Stimmung und schreiben diesen verdammten Roman. Das kann ja nicht so schwer sein. Ich habe auch schon eine Idee.«

Zwei Tage später saß ich in einem Flugzeug auf dem Weg nach Kanada. Es war ein Billigflug, auf dem es nicht einmal Sandwiches gab und man durch den Kaffee den Boden des Bechers sehen konnte – wohlgemerkt bei gefülltem Zustand! Auch mein Domizil vor Ort für die nächsten drei Wochen war mehr als bescheiden, aber das Budget gab derzeit einfach nicht viel her. So war es kein Luxushotel geworden, sondern eine einsame Blockhütte im Wald. Der größte Luxus war die Toilette und der Heißwassertank für die Dusche, auch wenn ich diesen mit Holz selbst befeuern musste. Dabei wurde allerdings dann auch gleich die gesamte Zwei-Zimmer-Konstruktion erwärmt, denn Zentralheizung gab es in dieser Hütte nicht.

»Wenn ich dort nicht zu der wildromantischen Geschichte finde, weiß ich es auch nicht«, murmelte ich vor mich hin und blickte aus dem Fenster der Maschine auf dichte Wolken, die ein paar tausend Meter tiefer als Schnee zur Erde rieselten.

Die Landung verlief ohne Probleme, aber kaum dass ich das Flugzeug verlassen hatte, wusste ich auch schon, warum ich Miami als Wohnort gewählt hatte. Himmel, was das kalt hier! Ich hatte extra meinen Mantel eingepackt, aber der dünne Stoff half kein bisschen gegen die hier herrschenden Temperaturen. Noch dazu fiel tatsächlich dichter Schnee vom Himmel. Wieviel Grad waren es hier? Minus dreißig?

Die Dame an der Flughafeninfo, bei der ich mich nach meinem Abholservice erkundigte, lächelte mich mitleidig an.

»Es ist noch niemand hier«, erklärte sie mir. »Das kann auch noch eine Weile dauern. Gestern ist sehr viel Neuschnee gefallen, da kommen die Fahrzeuge manchmal nicht mehr durch. Es sah zwar tagsüber gut aus, aber Sie sehen ja selbst.«

Ich folgte ihrer Geste und blickte aus dem Fenster. Der dichte Schneefall entwickelte sich zusehends in einen Schneesturm. Vermutlich hatten wir bei der Landung noch Glück gehabt. Binnen Minuten konnte man keine fünf Meter weit mehr sehen.

»Vielleicht«, sprach mich die junge Frau freundlich an und deutete auf meine Garderobe, »möchten Sie die Zeit lieber nutzen, sich geeignetere Kleidung zu kaufen. Es gibt hier im Flughafen einige Geschäfte. Es ist hier gerade wirklich sehr kalt. Vor allem nachts.«

Da mir im Augenblick nichts anderes übrig blieb, nahm ich ihren gutgemeinten Rat an und investierte einen Teil meiner Reisekasse in ein nahezu arktistaugliches Winteroutfit. Warm gefütterte Stiefel, eine dicke Jacke mit Kapuze, Thermohosen und einen Wollpullover. Ich gedachte, dieses Outfit vorrangig dann zu nutzen, wenn ich nach draußen ging. In der beheizten Hütte würde es der Inhalt meines Koffers wohl tun. Mehr Geld konnte ich auch für Kleidung nicht abzweigen, sonst wäre für die nächsten drei Wochen Hungern angesagt. Ich musste mich auch so schon extrem einschränken.

In den frühen Morgenstunden des nächsten Tages klarte das Wetter gottlob auf. Dennoch dauerte es noch bis kurz nach dem Mittag, bis endlich jemand kam, der ein Schild mit meinem Namen bei sich trug. Ein hagerer, grauhaariger Mann mittleren Alters mit einer Brille auf der Nase blickte sich suchend um. Ich winkte ihm und setzte ein freundliches Lächeln auf, obwohl es mich ärgerte, fast einen Tag verloren zu haben.

»Ah, Miss Montue, wie schön, dass Sie gut angekommen sind. Wir hatten schon Bedenken bei dem Schneesturm letzte Nacht.«

»Mein Flugzeug hat es noch geschafft«, entgegnete ich. »Im Gegensatz zu Ihrem Abholservice.«

Der Mann kratzte sich verlegen im Nacken. »Ja, tut mir leid. Bill ist leider immer noch nicht da, darum bin ich gekommen, um Sie zur Hütte zu bringen. Ich bin übrigens Clay.«

Er reichte mir die Hand. Clay oder Bill war mir ziemlich egal, ich wollte nur zur Hütte und dann meine Ruhe.

»Können wir dann los?«

Clay nickte eifrig und war mir dann bei meinem spärlichen Gepäck behilflich, inklusive der Einkaufstüte mit meinen neuesten Errungenschaften. Gottlob verlor er kein Wort darüber. In den nächsten drei Stunden war mir auch nicht nach Reden zumute. Erstens klapperten dafür meine Zähne zu stark und zweitens war der einzige klare Gedanke, den ich fassen konnte, die Hoffnung, mir auf dem Weg keine Erfrierungen zu holen. Ich hätte besser in das Arktis-Outfit gewechselt.

Kataras Magen knurrte vernehmlich. Ihre Beine zitterten – weniger vor Kälte als vielmehr vor Schwäche. Erschöpft drehte sie sich ein paarmal im Kreis, um sich eine kleine Schlafkuhle in den Schnee zu treten. Kaum, dass sie sich darin zusammengerollt hatte, fielen ihr auch schon die Augen zu.

An Schlaf war aber dennoch nicht zu denken. Es war mehr eine halbherzige Ruhe, um wieder ein wenig Kraft zu sammeln. Die brauchte sie doch, wenn sie auf der Jagd Erfolg haben wollte. Allmählich zweifelte Katara aber daran, dass sie noch einmal Beute schlagen konnte. Sie hatte es in den vergangenen Tagen immer wieder versucht, aber bei allem, was größer war als eine Maus, scheiterte sie kläglich. Und mit jedem Misserfolg wuchs die Schwäche, weil sie mehr Kraft aufbringen musste, als sie gewann. Die wenigen Mäuse, die sie erhaschte, reichten einfach nicht. Aber selbst ein Kaninchen war mittlerweile zu schnell für sie. Ihr fehlte die Ausdauer – ihr fehlte Hoffnung.

Die Wölfin wimmerte leise. Sie fühlte sich so einsam, sehnte sich nach ihrer Familie und trauerte darum, sie verloren zu haben. Ihr fehlte die Wärme, der Zuspruch. Ihr fehlten die vielen kleinen Rituale, mit denen sie einander am Morgen begrüßt hatten oder nach erfolgreicher Jagd die Beute teilten. Das Spiel mit den kleinen Geschwistern und der Rat der Eltern. Es drängte sie danach, ihr Heulen in die Nacht hinaus zu schicken, in der Hoffnung auf Antwort. Doch noch überwog die Angst vor der Stille, die nur darauf lauerte, sie zu verhöhnen, weil niemand mehr da war, der den Ruf des Rudels erwidern konnte.

Erneut setzte Schneefall ein. Die Flocken legten sich wie eine sanfte Decke auf Katara und wärmten sie ein wenig. Eine tröstliche Illusion von der Nähe und Liebe derer, die verloren waren. Wenigstens genügte es, um sie für eine Weile in einen unruhigen Schlummer zu schicken.

Als das Schneemobil an der Hütte anhielt, war Ernüchterung das erste Gefühl, das sich meiner bemächtigte. Ich war mir zwar darüber im Klaren gewesen, dass diese sogenannten Cabins spartanisch waren, aber gemessen an meinen gewohnten Standards war dies hier bestenfalls ein Bretterverschlag.

»Ähm … Wo ist die richtige Cabin?«, fragte ich hoffnungsvoll. Vielleicht war das hier ja nur die Vorratshütte oder sowas. Clays Lachen ließ mich jedoch nichts Gutes ahnen.

»Sie ist gemütlicher, als es von außen aussieht.« Er klopfte mir väterlich auf die Schulter, ehe er mit meinem Gepäck voranschritt. Ich folgte ihm zögernd, aber auf dem Fuß.

»Hinter der Cabin finden Sie genügend Brennholz. Bill hat letzte Woche nochmal für Nachschub gesorgt.«

Er stieß die Eingangstür auf und ließ meine Sachen neben ein schmales Bett fallen. Neben einer kleinen Kommode, einem Tisch und zwei Stühlen war es das einzige Möbelstück. Dazu gab es noch einen Ofen, der sowohl zum Heizen als auch zum Kochen gedacht war.

»Und … äh … wo ist die Toilette? Und die Dusche? Sowas in der Art stand auf der Internetseite.«

Clay ließ sich nicht aus der Ruhe bringen, den Ofen anzuwerfen. Erst als ein kleines Feuer brannte, wandte er sich mir wieder zu.

»Dauert nicht lange, bis es hier drinnen warm wird. Dann machen Sie sich am besten einen schönen Tee und sind in Nullkommanichts wieder aufgewärmt. Die Sachen da«, er deutete auf die Plastiktüte aus dem Flughafenshop, »brauchen Sie nur, wenn Sie raus gehen. Dann würde ich sie an Ihrer Stelle aber auf jeden Fall anziehen. Es wird in den nächsten Tagen noch kälter werden.«

Noch kälter? Ich hatte jetzt schon das Gefühl, mir mindestens eine Erkältung, wenn nicht gar Schlimmeres eingefangen zu haben.

»Danke, Clay, aber ich wüsste dennoch gerne, wo die Toilette ist. Und eine heiße Dusche wäre neben dem Tee jetzt auch nicht verkehrt.«

Clay kratzte sich verlegen im Nacken. »Tja, also mit der Dusche … Das wird hier draußen schwierig. Ich meine, es gibt ein paar Cabins, die haben eine einfache Duschvorrichtung, aber diese hier nicht. Sie können aber ein heißes Fußbad nehmen, das ist fast genauso gut. Die Waschschüssel ist groß genug dafür. Und die Toilette ist hinter der Cabin. Die wurde nachträglich eingebaut.«

Ich schluckte bei der Erkenntnis, dass ich die nächsten drei Wochen mit Katzenwäsche klarkommen sollte. Aber wenigstens war das versprochene Klo vorhanden. Ich ließ es mir von Clay zeigen und musste mich beherrschen, nicht loszuheulen, als sich die sanitäre Einrichtung als eine Art moderneres Plumpsklo entpuppte.

»Sie gewöhnen sich schnell daran. Aber machen Sie die Tür immer fest zu, auch wenn Sie wieder rausgehen. Sonst haben Sie schnell ungebetene Besucher. Die Wärme wirkt auf manche Tiere anziehend.«

Ich wollte nicht weiter darüber nachdenken.

»Vorräte sind in der Kommode. Überwiegend Konserven. Lassen Sie keine Essensreste offen herumstehen und werfen Sie auf keinen Fall welche nach draußen. Damit locken Sie Wölfe und Kojoten an.«

Mir schwirrte irgendwann der Kopf, nachdem Clay mir Dutzende von Verhaltensregeln und Ratschlägen an die Hand gegeben hatte, die allmählich eine leise Sorge in mir wachriefen, ob ich meinen Schreiburlaub überleben würde.

»Bill wird in den nächsten Tagen nach Ihnen sehen und Ihnen frischen Proviant bringen. Entfernen Sie sich nicht zu weit von der Cabin und nehmen Sie am besten das Pfefferspray mit, wenn Sie raus gehen. Für alle Fälle.«

Mit diesen letzten warmen Worten verabschiedete sich Clay von mir. Fünf Minuten später waren die Lichter seines Schneemobils am Horizont verschwunden und ich stand allein in der anbrechenden Dunkelheit vor meinem Urlaubsdomizil.

Einen ganzen Tag lang starrte ich die Wand in meiner Cabin an. Zur Toilette ging ich nur, wenn ich es gar nicht mehr aushielt. Allmählich gewöhnte ich mich allerdings daran. Es war gar nicht so schlimm, wie ich anfangs gedacht hatte.

Ich hatte am Morgen so viel Holz hereingeholt, dass es bis in die Nacht hinein reichte. Mehr wusste ich gerade nicht mit mir anzufangen, außer darüber zu grübeln, welcher Teufel mich geritten hatte, kurz vor Weihnachten aus dem sonnigen Miami, wo jetzt alle anderen die Feiertage in schicken Restaurants oder bei Weihnachtsbraten verbrachten, in die kanadische Wildnis aufzubrechen. In ein Niemandsland! Keine Clubs, keine kulinarischen Spezialitäten, keine Weihnachtsmusik vom Tonband und keine Geschenkpäckchen, die sich übereinander türmten. Sogar die Sonne schaffte es hier nicht, die Temperaturen in die Höhe zu treiben. Und ein kreativer Prozess für diesen Winterlove-Roman setzte auch angesichts der weißen Pracht und der beruhigenden Stille um mich herum nicht ein. Klassischer Fall von Fehlentscheidung. Ich sollte lernen, nicht immer so spontan zu sein, sondern nachzudenken, ehe ich handelte.

Während ich in die schwelende Glut der letzten Scheite starrte und darauf wartete, dass mich der Schlaf übermannte und für ein paar Stunden aus diesem Albtraum erlöste, gestand ich mir ein, dass ich durchdrehen würde, wenn ich auch den nächsten Tag mit einer Dosensuppe und dem Betrachten von Fasermustern im Naturholz zubrachte. Ich musste etwas ändern. Ich musste raus!

Am nächsten Morgen weckte mich die Kälte, wie schon tags zuvor. Über Nacht kühlten die Holzwände zusehends aus, wenn man nicht kontinuierlich weiter feuerte. Statt zur Dosensuppe zu greifen, holte ich ein paar Scheiben Toastbrot hervor, belegte sie mit Büchsenfleisch, packte sie zusammen mit einer Thermoskanne Kaffee in meinen Rucksack und schnallte mir anschließend umständlich die riesigen Schneeschuhe unter die Füße. Die ersten Schritte fühlte ich mich wie Donald Duck auf Wackelpudding, aber nach einigen Metern hatte ich den Dreh raus. Man sank mit diesen unhandlichen Schaufeln unter den Stiefeln wirklich kaum ein. Das Laufen war zwar anstrengend, aber nicht so ermüdend, als wenn ich ständig knietief in den Neuschnee eingesunken wäre.

Ich entschied mich in Anbetracht meines spärlichen Orientierungssinnes, ausschließlich geradeaus zu laufen, damit ich auch ganz sicher meine Schneeschuh-Spuren zurückverfolgen konnte. Meine Wangen glühten bald schon angenehm. Mir war warm und meine Lungen fühlten sich an, als könnten sie zum allerersten Mal wirklich atmen.

Je länger ich durch den Schnee wanderte, desto mehr genoss ich die Stille um mich herum. Die Weite dieses Landes und die klare Luft waren unbeschreiblich. Ich konnte bis zum Horizont blicken und sah nur Schnee, Bäume, Felsen und gelegentlich ein paar Elche, die nach Futter suchten. Ein halb zugefrorener Bachlauf kreuzte meinen Weg, den ich mit etwas Mühe überwinden konnte. Die Temperaturen waren so kalt, dass mein Atem weiße Wolken bildete, aber eingepackt in mein Arktis-Outfit störte mich das nicht.

Als sich mein Magen lautstark meldete, beschloss ich, eine Picknick-Pause einzulegen. Da ich weit und breit keine bedrohlichen Waldbewohner entdecken konnte, schlug ich Clays Warnungen über das Essen in der Wildnis in den Wind und machte es mir auf einem aus dem Schnee ragenden Stein bequem, holte meine Thermoskanne und mein Sandwich hervor. Nach dem langen Marsch an der frischen Luft war selbst diese karge Mahlzeit ein wahrer Gaumenschmaus. Ich konnte mich nicht erinnern, wann mir ein Essen zuletzt so gut geschmeckt hatte. Hier draußen schienen meine Sinne allesamt ausgeprägter zu funktionieren.

Plötzlich fühlte ich mich beobachtet. Zuerst war es nur ein vages Gefühl, doch schließlich spürte ich ganz genau, dass jemand zwischen den Bäumen des nahen Wäldchens stand und zu mir herübersah.

Ich kniff die Augen zusammen und versuchte, etwas zu erkennen. Gleichzeitig tastete ich nach dem Pfefferspray in meinem Anorak. Mist! Das lag noch auf dem Tisch in der Cabin. Hoffentlich war das da draußen kein Bär oder sowas in der Art. Ein Grizzly, der seine Winterruhe unterbrach, um auf Futtersuche zu gehen, war kein angenehmer Zeitgenosse. Aber das wäre schon ein ausgesprochen blöder Zufall. Trotzdem war da irgendetwas. Vielleicht ein Vielfraß oder eine Raubkatze. Oder … Wölfe?

Ich hielt den Atem an, während sich meine Nackenhaare vor Anspannung sträubten. Was sollte ich tun, wenn mich irgendein wildes Tier angriff? Weglaufen? Ziemlich aussichtslos, egal ob mit Schneeschuhen oder ohne. Um Hilfe rufen? Wer sollte mich denn hier hören? Verdammter Mist.

Aufstrebende Autorin bei Recherchearbeiten von wilden Tieren gefressen.

Wenigstens würde ich noch eine große Schlagzeile abgeben. Welch tragische Art, Berühmtheit zu erlangen.

Plötzlich kam Bewegung in die Szenerie. Ein schlanker, grauer Körper schälte sich aus den dunklen Schatten. Ein Wolf! Wenigstens war es kein Vielfraß, die kannten nämlich im Zweifel weder Scheu noch Rückzug. Ich kramte in meinen Erinnerungen nach allem, was mein Dad mir über Wölfe beigebracht hatte, verfluchte mich im Stillen, dass ich ihm nicht besser zugehört hatte. Aber hätte mir sein Wissen über Gehegewölfe in diesem Moment weitergeholfen? Wölfe sind scheu, beruhigte ich mich. Und dieser hier schien auch noch allein zu sein. Äh … waren Einzelgänger noch scheuer oder neigten sie im Gegensatz zu einem Rudel zu Angriffen? Vielleicht, weil sie krank, verletzt oder sonstwas waren? Schließlich waren Einzelgänger doch untypisch unter Wölfen, oder? Ich war hin und her gerissen, aber für den Moment schien keine akute Bedrohung von dem Wolf auszugehen. Er bewegte sich langsam, zögernd. Blieb immer wieder stehen, blickte zurück, als sei er unschlüssig, wie er auf mich reagieren solle. Eigentlich konnte mir doch gar nichts Besseres passieren als eine leibhaftige Wolfsbegegnung. Wenn das keinen Input für den Roman lieferte, was dann? Also verhielt ich mich einfach ruhig und beobachtete meinen Besucher.

Das Tier wirkte hochbeinig und hager – wie ausgehungert. Der Geruch meines Sandwiches hatte es wohl angelockt. Ich war versucht, ihm die Reste einfach hinzuwerfen in der Hoffnung, dass es sie fressen und mich dann in Ruhe lassen würde, aber mir kamen Clays Warnungen in den Sinn, wilde Tiere niemals anzufüttern. Das hatte auch mein Dad immer gepredigt.

Der Wolf blieb in einigen Metern Entfernung endgültig stehen und starrte mich an. Er hob witternd die Nase, blies dann unschlüssig die Luft aus und trat unruhig von einer Pfote auf die andere. Ich blickte auf die Reste meines Sandwiches und wieder zu dem Wolf. Mitleid machte sich in mir breit, kämpfte mit meiner strengen, väterlichen Prägung. Letztere gewann zunächst.

»Tut mir leid, mein Freund, aber ich kann dir nichts abgeben.«

Himmel, was kam ich mir herzlos vor!

Mit langsamen Bewegungen räumte ich meinen Imbiss wieder in den Rucksack. Der Wolf ließ mich nicht aus den Augen. Er leckte sich über die Lefzen, winselte leise.

»Gott, ich kann das nicht!«, entfuhr es mir. Vor Schreck über meine laute Äußerung machte das Tier einen Satz zurück. »Dad wird mir das nie verzeihen«, murmelte ich, wissend, dass er damit recht hätte und ich gerade eine Riesendummheit beging, aber ich brachte es nicht über mich, das halbverhungerte Tier zu ignorieren und einfach zu gehen. Ich versuchte es vor mir selbst damit zu rechtfertigen, dass der Wolf mir hungrig sicher erst recht folgen würde. Wenn er satt war, ging er vielleicht einfach seiner Wege.

Ich legte meine Sandwichreste auf den Felsen, auf dem ich eben noch gesessen hatte, drehte ich um und ging. Nur nicht nochmal hinsehen! Einfach so tun, als wäre der Wolf gar nicht da. Seltsamerweise hatte ich wirklich nicht eine einzige Sekunden lang Angst, dass er mich angreifen würde. Das Tier hatte mehr Angst vor mir als ich vor ihm. Es hatte lediglich Hunger, da konnte der Duft von einem Sandwich schon mal leichtsinnig machen. Während ich meiner Spur Richtung Heimat folgte, hörte ich den Wolf hinter mir hastig die Brocken hinunterwürgen. Schritte hörte ich nicht, war mir allerdings auch nicht sicher, ob man die Schritte eines Wolfes im Schnee hören konnte. Vermutlich eher nicht. Nun wurde mir doch ein wenig mulmig.

Ich schaffte es dennoch, mich nicht umzudrehen. Unter meinem wärmenden Anorak bekam ich einen Anflug von Gänsehaut, konzentrierte meinen Blick aber nach vorne und stapfte tapfer weiter durch den Schnee. Wenn mir der Wolf so nahe wäre, dass er mich angreifen konnte, müsste ich zumindest seinen Atem hören. Ich versuche, nach hinten zu schielen, ohne den Kopf zu drehen. Aus den Augenwinkeln sah ich nichts als friedliche Winteridylle.

Mit dem nächsten Schritt wurde ich höchst unsanft darauf hingewiesen, dass man sich beim Laufen besser auf den Weg statt auf die Umgebung konzentrieren soll. Vor allem, wenn man durch trügerischen Tiefschnee läuft und dabei unhandliche Schneeschuhe unter den Füßen hat. Der lockere Schnee unter mir gab nach, ein verborgener Spalt öffnete sich in eine Art natürlicher Fallgrube. Ich stürzte mitsamt einem riesigen Haufen Schnee knapp drei Meter in die Tiefe und kam unsanft auf dem gefrorenen Boden auf. Abgesehen von meinem Stolz, war ich nicht nennenswert verletzt. Der linke Knöchel schmerzte etwas, aber nachdem ich mich einigermaßen sortiert hatte, konnte ich problemlos auftreten.

Nur mit dem Herausklettern würde es etwas schwieriger werden, wie ich ernüchtert feststellte. Die Wände waren glatt und steil. Keine Einbuchtungen oder Vorsprünge, an denen ich mich mit Händen und Füßen hätte abstützen können. Löcher in die Erde zu graben, war bei dem Frost unmöglich. Ich holte mein Handy heraus, doch abgesehen davon, dass es hier oben, weitab der Zivilisation, ohnehin kein Funknetz gab, war es in diesem Erdloch sowieso unmöglich, irgendwelche Funkwellen einzufangen.

»Na super! Die Schlagzeile lautet also nicht von wildem Tier gefressen sondern in einem Erdspalt erfroren.«

Es machte vermutlich wenig Sinn, um Hilfe zu rufen. Ich hatte den ganzen Tag weit und breit niemanden gesehen. Zu Weihnachten flogen wohl nur wenige in die Wildnis. Meine einzige Chance war, dass Clay oder sein Kumpel Bill nochmal zur Hütte rausfuhren und meine Spuren verfolgten, weil sie das verwöhnte Stadtmädchen in Schwierigkeiten wähnten. Nicht schmeichelhaft, aber vielleicht lebensrettend. Ich klammerte mich an dem Gedanken fest, damit ich nicht in Panik verfiel.

Plötzlich fiel ein Schatten auf mich. Erleichtert hob ich den Blick in der Annahme, dass mich tatsächlich jemand gefunden hatte, doch es war nur der Wolf von vorhin.

»Komm jetzt bitte nicht hier runter, okay? In dem Spalt ist nicht genug Platz für uns zwei.«

Das Tier besaß entschieden zu wenig Scheu für meinen Geschmack. Oder es war tatsächlich so ausgehungert, dass der Überlebensinstinkt stärker war als die Furcht von dem Menschen. Und blöderweise hatte ich das ja auch mit meiner Fütterung noch bestätigt. Wie blöd konnte man eigentlich sein? Und das auch noch als Tochter eines Wolfsforschers.

Ich versuchte, den Wolf mit hektischen Handbewegungen und Kusch-Geräuschen zu vertreiben, was jedes Mal für ein paar Minuten gelang, aber er kam immer wieder, auch wenn er nicht versuchte, zu mir herunter zu springen. Vermutlich war er klug genug, um zu wissen, dass er dann ebenfalls festsitzen würde.

Allmählich wurde mir kalt. Vor allem meine Zehen begannen zu schmerzen. Ich hatte einen Horror davor, Gliedmaßen aufgrund von Erfrierungen einzubüßen, daher versuchte ich in meinem kleinen Gefängnis hin und her zu laufen, auch wenn es nur ein paar Schritte waren. Dabei zermarterte ich mir den Kopf nach einer Lösung. Irgendwie musste ich hier raus, ehe es dunkel wurde.

»Was tun Sie da unten? Das sieht nicht gemütlich aus.«

Ich zuckte zusammen, als eine Stimme über mir erklang. Mein Herz schlug mir bis zum Hals, doch als ich nach oben sah, begegnete ich einem freundlichen Lächeln. Eine große Hand in weichem Lederhandschuh wurde mir entgegengestreckt. Kaum, dass ich sie ergriffen hatte, zog mich der Unbekannt mühelos nach oben. Die Erleichterung, nicht mehr in dem Spalt festzusitzen, war größer als mein Misstrauen diesem Fremden gegenüber. Immerhin hatte er mich gerettet. Erst jetzt setzte der Schock langsam ein und sog die Kraft aus meinen Gliedern, sodass ich mich erst einmal in den Schnee setzen musste. Von dieser Position aus nahm ich meinen Retter genauer in Augenschein.

Der Typ trug mit Fransen besetzte, dick gefütterte Wildlederkleidung, darunter ein mit bunten Perlen verziertes Hemd und Federn in den Haaren. Geronimo lebt! Ich kam mir vor wie in einem alten Wild West Film.

»Ich bin Bill«, erklärte er zu meiner Überraschung. Bill Owl – der Mann, mit dem ich über E-Mail Kontakt gehabt hatte, als ich die Cabin buchte. Und er schien tatsächlich ein Indianer zu sein, wenn ich von seiner Hautfarbe und den langen schwarzen Haaren darauf schließen durfte. »Als ich Ihre Spuren an der Hütte fand, dachte ich mir schon, dass Sie vielleicht Hilfe brauchen würden. Jemand, der sich hier draußen nicht auskennt, verirrt sich leicht.«

Mir schoss das Blut siedend heiß ins Gesicht vor Scham. Ich konnte ihm seine Vorurteile nicht einmal vorwerfen, nachdem sie sich bewahrheitet hatten.

»Na ja, wenn der Wolf nicht gewesen wäre … Ich hatte mich nach ihm umgesehen, ob er mir folgt und dabei nicht auf dem Weg geachtet.«

Bill nickte verständnisvoll und deutete über die Ebene hinweg. Als ich seiner Geste folgte, sah ich den Wolf in gebührendem Abstand stehen. Er beobachtete uns noch immer.

»Es ist eine Wölfin. Ihr Name ist Katara«, erklärte er und half mir auf die Beine.

Verwirrt runzelte ich die Stirn und klopfte mir den Schnee von der Kleidung. »Katara? Haben Sie ihr den Namen gegeben? Gehört der Wolf zu Ihnen?«, wollte ich wissen.

Der Indianer schüttelte den Kopf. »Sie haben nicht verstanden. Es ist ihr Name. Ich habe ihn erfahren, als ich sie gefragt habe. Und ich respektiere diesen Namen. Es steht mir nicht zu, ihr einen anderen zu geben.«

Ja, schon klar, dachte ich. Der Typ war wohl eindeutig zu lange durch die Wälder gewandert.

»Ihr Fell – es ähnelt den Strömungen im Fluss. Daher gab ihr Rudel ihr den Namen. Katara bedeutet Stromschnelle.«

Für den großen Häuptling war das offenbar vollkommen logisch und normal. Ich wollte seine Illusion nicht zerstören. Wenn es ihn glücklich machte. »Ah! Verstehe!«, sagte ich daher.

Er schmunzelte. »Sie verstehen nichts. Noch nicht. Aber das wird schon. Kommen Sie, ich bringe Sie erstmal wieder zu Ihrer Hütte, damit Sie sich aufwärmen und trockene Sachen anziehen können.«

Dagegen hatte ich nichts einzuwenden. »Und was wird aus … Katara?«

Er zuckte die Achseln und schmunzelte noch breiter, wodurch sich attraktive Lachfältchen in seinen Augenwinkeln bildeten. »Sie kommt klar. Auch sie versteht noch nicht. Aber bald. Und bis dahin wird sie versuchen zu lernen. Darum folgt sie Ihnen.«

Jetzt stutzte ich. »Und was soll dieser Wolf von mir lernen?«

Meiner Meinung nach gab es rein gar nichts, was wir voneinander lernen konnten. Das da war ein wildes Tier, das mir aus purem Hunger folgte, weil ich so blöd gewesen war, es zu füttern. Das wollte ich Bill aber nicht auf die Nase binden. Ich hatte mich genug blamiert. Ich war im Grunde meines Herzens eine Miami-Sonnenanbeterin, die in dieser unwirtlichen Gegend eigentlich nichts verloren hatte, und somit sah ich rein gar keine Verbindung zwischen mir und diesem Wolf. Ich wäre jetzt auch viel lieber sofort wieder ins Flugzeug gestiegen und nach Hause geflogen, aber was tat man nicht alles für einen potenziellen Bestseller?

»Ihr seid euch sehr ähnlich – du und Katara. Ihr seid beide im Unreinen mit euch. Müsst zu euren Wurzeln zurückfinden. Und zueinander.« Bill nickte bekräftigend. Vor lauter Verblüffung fiel mir gar nicht auf, dass seine Wortwahl vertraulich geworden war und so erhob ich auch keine Einwände dagegen.

Ein Schneemobil hatte Bill leider nicht dabei, also mussten wir den ganzen Weg laufen. Katara folgte uns in gebührendem Abstand. Mir war es egal. Wenn sich mein Indianerfreund nicht darüber aufregte, war es wohl okay.

Die letzten Meter bis zur Hütte konnte ich kaum noch laufen. Ich fühlte meine Zehen nicht mehr, doch meine Füße sandten unentwegt Schmerzimpulse meine Beine empor. Hoffentlich musste nichts amputiert werden. Dennoch biss ich eisern die Zähne zusammen. Sobald Bill sich an der Hütte von mir verabschiedet hatte, wollte ich mir ein heißes Fußbad machen und das Beste hoffen. Doch mein Plan ging nicht auf. Bill trat hinter mir in die Cabin und legte auch sogleich seine Jacke ab. Wortlos machte er ein Feuer im Ofen und setzte den großen Kessel auf.

»Setz dich und zieh endlich die nassen Sachen aus«, wies er mich an. »Wir müssen dich schleunigst wieder aufwärmen.«

Es widerstrebte mir, mich vor einem wildfremden Mann zu entblättern, aber die nassen Sachen wurden zusehends unangenehmer auf meiner Haut, weshalb ich seiner Anweisung zögernd Folge leistete. Als ich nur noch in Unterwäsche vor ihm stand, konnte ich ihm vor Scham nicht in die Augen sehen. Bill hingegen störte sich kein bisschen daran.

»Setz dich auf das Bett und wickel die Decke um dich.« Ich tat, wie mir geheißen. Bill goss heißes Wasser in die Waschschüssel, doch als ich meine Füße hineinstellen wollte, hielt er mich davon ab. »Nein, gib mir deine Füße. Wenn du sie direkt in das heiße Wasser stellst, machst du es nur schlimmer.«

Mit geübten Händen begann er, meine Füße zu massieren. Mir wurde die Situation immer peinlicher, auch wenn zu meiner Erleichterung Stück für Stück das Gefühl in meine Zehen zurückkehrte. Da sie auch noch nicht blau oder gar schwarz verfärbt waren, schwand meine Sorge vor ernsten Erfrierungen.

Nach einer Weile tauchte Bill ein Handtuch in das heiße Wasser und wickelte es um meine Beine, die er anschließend unter die Decke schob und mich gleichzeitig in eine liegende Position brachte. Eine wohlige Wärme breitete sich aus, die von dem flackernden Feuer im Ofen noch unterstützt wurde.

»Ich mache dir jetzt einen Kräutertee, damit du dir keine Erkältung einfängst. Und dann schaue ich nach deiner neuen Freundin.«

Instinktiv warf ich einen Blick aus dem Fenster. Tatsächlich trieb sich die Wölfin noch in der Nähe herum, hielt aber einen gewissen Abstand zur Hütte.

»Sie weiß, dass menschliche Behausungen nichts Gutes bedeuten, darum kommt sie trotz ihres Hungers nicht näher. Ihr Rudel hat es sie gelehrt. Es braucht mehr Verzweiflung als ein paar Tage ohne Beute, um diese Regel zu brechen.«

»Wo ist ihr Rudel?«, fragte ich neugierig. Wenn es in der Nähe war, würde ich zwar bei meinen nächsten Ausflügen deutlich vorsichtiger sein. Andererseits wäre das natürlich für meinen geplanten Roman ein absoluter Glückstreffer.

»Ihre Familie ist tot«, sagte Bill sehr nüchtern.

Erschrocken sah ich ihn an. »Tot? Woher wissen Sie das, Mr. Owl? Haben Sie sie gesehen? Wurden sie von Wilderern erschossen?«

Er schüttelte mit einem müden Lächeln den Kopf. »Meinst du nicht, dass wir uns schon zu nah waren für Förmlichkeiten? Ich bin einfach Bill, nicht Mr. Owl. Und was Kataras Rudel angeht … Ich weiß es nicht. Ich weiß nur, dass sie allein ist und dass es sie quält. Wenn sie aus eigener Entscheidung von ihrem Rudel abgewandert wäre, würde sie bereits suchen. Doch sie blickt noch zu viel zurück, darum ist sie noch nicht soweit. Genau wie du.«

Seine kryptischen Bemerkungen ignorierte ich lieber. Aber trotzdem verstand ich, was er meinte. Das Verhalten der Wölfin ließ einige Schlüsse darauf zu, warum sie allein war. Wenn ich gründlicher darüber nachgedacht hätte, wäre ich vermutlich sogar selbst darauf gekommen.

»Sie wird bei dir bleiben.«

Betreten und ertappt blickte ich zu Boden. Vor ihm konnte man wohl nichts verbergen. »Ja, vermutlich. Tut mir leid, ich war wohl … Ich habe wohl unüberlegt gehandelt, aber sie tat mir leid.«

Bill zog erstaunt eine Augenbraue nach oben. »Du hast sie gefüttert!«

»Ich … äh … ja … Ich dachte, das wäre dir bereits klar.«

Er zuckte die Achseln. »Ich hatte es vermutet. Das war wirklich dumm. Aber sie folgt dir auch aus anderen Gründen. Sie spürt eure Verbindung. Sie fühlt, dass ihr euch braucht. Sie wird bleiben, bis du wieder gehst – oder bis du verstanden hast. Nutze die Zeit, die euch bleibt. Und pass besser auf, wenn du hinaus gehst.« Er warf einen kritischen Blick auf meine Stiefel. »Ich bringe dir morgen gute Schuhe. Und ein paar andere Dinge, die du noch brauchen wirst.«

Es kam mir nicht eine Sekunden in den Sinn, ihm Widerworte zu geben. Bedächtig sah er sich in der Cabin um, dann stand er auf. »Tut mir leid, dass ich es nicht geschafft habe, dich abzuholen. Dann hätten wir schon ein paar Sachen mitnehmen können. Aber Clay hat für sowas leider keinen Blick.«

Ich räusperte mich. Wie erklärte man, dass die Finanzen erschöpft waren, ohne dass es peinlich wurde? Mir blieb nicht genug Zeit, darüber nachzugrübeln. Bill griff unvermittelt unter die Decke und umfasste meinen Knöchel. Ich zuckte bei der Berührung zusammen, die mir nicht unangenehm war, mir jedoch jeden klaren Gedanken raubte.

Bill lächelte zufrieden. »Du wirst schon wieder warm.«

Nachdem er mir noch eine Tasse Tee neben das Bett gestellt und einige Scheite Holz aufs Feuer gelegt hatte, verabschiedete sich mein Indianer. Eine Weile lag ich noch wach, trank schluckweise den Tee, der mich angenehm träge und benommen machte. Während meine Glieder sich soweit entspannten, dass ich sacht ins Traumland hinüberglitt, kam in mir noch die Frage auf, wie Bill es ohne Schneemobil schaffen wollte, binnen eines Tages in die Stadt und wieder zurück zu kommen. Doch ehe ich ins Grübeln verfallen konnte, war ich bereits eingeschlafen.

Ihr Hunger war noch immer groß. Die Beute des Zweibeinerweibchens war zwar tot und kalt gewesen, aber lecker. Katara hätte gerne noch mehr davon bekommen, doch die Frau hatte scheinbar nichts mehr davon bei sich gehabt. Jetzt war sie wieder in der eckigen Baumhöhle, aus der es nach Rauch roch. Rauch war nicht gut, das hatte Katara gelernt. Darum wollte sie sich der komischen Höhle auch nicht nähern, obwohl es dort sicher noch mehr von dem Futter gab. Vielleicht, wenn sie in der

Nähe blieb und wartete, gab das Zweibeinerweibchen ihr noch einmal etwas ab. Katara mochte diese Zweibeinerin. Sie roch nicht so komisch wie viele andere, die ihr und ihrer Familie begegnet waren. Und sie hatte vor Katara weder Furcht gezeigt noch war sie ihr mit Hass begegnet. Sie hatte etwas an sich. Katara wusste nicht genau, was es war, aber es fühlte sich … vertraut an. Sie hatten beide etwas verloren, sie waren beide auf der Suche, sie suchten beide nach einem Anfang.

Katara schaute zum Sternenzelt hinauf und winselte leise, als könne sie so von ihren Eltern noch einen Rat erbitten. Aber der Himmel schwieg. Nur der Wind strich ihr leise durchs Fell. Vertraut wie die sanfte Schnauze ihrer Mutter. Wenn Katara die Augen schloss und die Ohren spitzte, konnte sie das Weibchen in der Holzhöhle atmen hören. Es erinnerte sie an den Atem ihrer Geschwister, wenn sie alle dicht beieinander gelegen hatten. Es gab ihr für einen kurzen Moment die Illusion zurück, dass sie nicht allein war. Vielleicht war sie das auch nicht. Seit sie das Zweibeinerweibchen gesehen hatte, fühlte sich Katara nicht mehr so verloren.

Sie hatte keine Ahnung, woher dieses Gefühl kam oder die Verbundenheit, die sie zu einer Zweibeinerin fühlte. Sie wusste nur, sie war da, und sie kam aus ihrem tiefen Inneren. Mit einem tiefen Atemzug senkte Katara ihren Kopf und schob den Schnee unter der Tanne ein wenig beiseite. Danach trat sie sich – wie so viele Nächte zuvor – eine kleine Kuhle und kuschelte sich hinein. Sie würde in der Nähe bleiben. Und sie würde auf das Weibchen aufpassen.

Als ich am nächsten Morgen erwachte, fühlte ich mich zwar noch etwas steif und gerädert, aber ich hatte keine Erkältung bekommen. Was auch immer in Bills Kräutertee gewesen war, es wirkte offensichtlich.

Mein neuer Indianerfreund gehörte zu den Frühaufstehern, denn er war – von mir unbemerkt – schon wieder hier gewesen, um mir die versprochenen Schuhe zu bringen. Außerdem eine dick gefütterte Wildlederjacke, ähnlich der seinen, und ein paar Handschuhe, die den Namen auch verdienten. Damit konnte mir nichts mehr passieren.

Ich machte mir ein Frühstück aus Speck, Eiern und Buttertoast. Es erinnerte mich an früher, als ich und Dad noch zusammen in dem Bungalow nahe der Wolfstation gelebt hatten. Wie hatten wir das nur geschafft, nachdem Ma gestorben war? Nachdenklich starrte ich aus dem Fenster und nahm eher unbewusst wahr, dass die Wölfin noch immer da draußen umherstrich. Sie ließ die Cabin nicht aus den Augen. Ich blickte auf meine Eier und wieder zu ihr. Nein, den Fehler von gestern würde ich kein zweites Mal begehen. Aber vielleicht konnte ich etwas anderes tun.

Nach dem Frühstück machte ich mich, bewaffnet mit einer Packung Nussmüsli, auf den Weg. Ich schmunzelte, als Katara sich mir ohne Zögern anschloss, auch wenn sie dabei heute einen gehörigen Abstand hielt. Was ich vorhatte, war vielleicht nicht die feine Art, ich wusste nicht einmal, ob es von Erfolg gekrönt sein würde, aber dieser Wölfin konnte es womöglich helfen. Hatte Bill nicht gesagt, wir sollten voneinander lernen? Katara war mager, also schien sie keine gute Jägerin zu sein. Ich konnte ihr nicht beibringen zu jagen, aber ich konnte es ihr leichte machen, an Beute zu gelangen. Im Gegenzug lieferte sie mir hoffentlich ein bisschen Inspiration für meinen Roman.

Nachdem ich ein Stück in den Wald hineingegangen war, streute ich an mehreren Stellen Nussmüsli um die Bäume. Anschließend hockte ich mich in einiger Entfernung unter eine Kiefer und wartete. Katara verharrte im Hintergrund, beäugte skeptisch, was ich tat und betrachtete dann mit sichtlichem Unverständnis meine Köder. Sie schnupperte sogar daran, probierte etwas von dem Müsli, entschied jedoch, dass es nicht gut genug schmeckte. Oder vielleicht auch, dass sie noch nicht hungrig genug war, um das essen zu müssen. Ich schmunzelte. Nachdem Katara sich in entgegengesetzter Richtung zu den Ködern niedergelegt hatte, behielten wir beide die zwischen uns liegende Stelle im Blick und warteten, was passierte. Während ich zumindest eine grobe Vorstellung hatte, wie die Sache im Erfolgsfall ausgehen würde, ahnte die Wölfin nichts davon. Geduld war jetzt gefragt. Und die hatten wir offenbar beide.

Es vergingen beinah zwei Stunden, ohne dass sich etwas Nennenswertes tat. Außer ein paar Vögeln, die gleich wieder mit Haferflocken oder Nussstückchen im Schnabel davonflogen und bei Katara nur mäßig Aufmerksamkeit erregten, weil sie zu schnell waren, kam kein Besuch. Ich machte mir schon Sorgen, dass es vielleicht mein Geruch war, der andere Tiere fernhielt, doch dann näherte sich mit einem Mal ein Eichhörnchen. Kaum, dass das Tier die Futterstelle erreicht hatte, kam Bewegung in meine Wölfin. Ihr Kopf ruckte hoch. Als das Eichhörnchen die Bewegung sah, stockte es und blickte sich mit seinen Knopfaugen hektisch um. »Nicht bewegen«, sandte ich Katara eine telepathische Botschaft und verharrte dabei selbst so starr, dass ich nicht mal zu atmen wagte. Ob es Instinkt war oder ob sie meine Gedanken verstanden hatte, Katara erstarrte ebenfalls zu einer Statue. Sie ließ den kleinen Nager nicht eine Sekunde aus den Augen, rührte sich aber nicht, solange er noch fluchtbereit die Umgebung checkte. Erst als er die ersten Leckereien in seine Pfötchen nahm, taute sie wieder auf und kam langsam und geduckt näher.

Ich biss mir auf die Lippen. Einerseits tat mir das kleine Eichhörnchen jetzt auch leid. Da unterbrach es seine Winterruhe, weil es meine Köstlichkeiten witterte und dann wurde es Wolfsfutter. Aber so war die Natur. Fressen und gefressen werden. Ich wünschte Katara Jagderfolg. Sie hatte es nötig. Während ich angespannt und mit gemischten Gefühlen an meinem Beobachtungsposten ausharrte und mich fragte, ob das alles so richtig war, schlug Katara zu. Sie war bis auf knapp zwei Meter lautlos und ungesehen an das Eichhörnchen herangeschlichen und setzte dann mit einem mächtigen Sprung auf ihre Beute an, die keine Chance hatte. Ich hörte noch ein Quieken und sah den puscheligen, roten Schwanz zucken, dann war es auch schon vorbei. Hastig schlang die Wölfin den Happen hinunter, leckte sich die Lefzen und warf mir einen intensiven Blick zu, ehe sie zu ihrem Aussichtspunkt zurückkehrte.

Ich sandte im Geiste eine Entschuldigung an das Eichhörnchen und seine Familie, falls es eine hatte. Natürlich feierten die Tiere kein Weihnachtsfest, aber am Tag vor Heiligabend zu sterben, war trotzdem irgendwie besonders traurig.

Katara hatte dank meiner Futterstellen noch zweimal Jagderfolg. Eine kleine Maus, die sie so schnell verschluckte, dass ich sie beinahe nicht einmal gesehen hätte. Und ein Kaninchen, dessen Tod ich nicht mit ansehen musste, weil Katara es ein Stück durch den Wald jagte, ehe sie es erwischte. Dass es ihr nicht entkommen war, erkannte ich an ihrer blutigen Schnauze, als sie zurückkehrte.

»Ich finde, das reicht für einen Tag, Mädchen. Mir wird langsam kalt. Und Hunger habe ich auch.«

Die Wölfin gab einen kurzen, wuffenden Laut von sich und verschwand im Unterholz. Ich wusste, sie würde mir dennoch wieder zur Hütte folgen.

Als ich dort ankam, stieg Rauch aus dem kleinen Schornstein empor. Mein Feuer vom frühen Morgen konnte es nicht mehr sein, dafür hatte ich zu wenig Holz aufgelegt. Beim Betreten der Hütte fand ich Bill am Herd vor. Er rührte in einem Topf, dem ein köstliches Aroma entstieg. Der Eintopf roch so lecker, dass mir das Wasser im Mund zusammenlief und mein Magen knurrte. Peinlich errötend senkte ich den Blick, aber Bill grinste nur.

»Ich dachte mir, dass du hungrig sein würdest. Und Dosennahrung wird man schnell leid.« Er deutete nach draußen. »Die frische Luft macht hungrig. Setz dich, es ist gleich fertig.«

Ich streifte meine Jacke, Handschuhe und Stiefel ab und nahm auf einem der beiden Stühle Platz.

»Danke für die Sachen«, sagte ich und erhielt ein Nicken zur Antwort. »Woher wusstest du, dass ich draußen sein würde?«

Er zuckte die Schultern. »Ich wusste es nicht. Heute Morgen hast du geschlafen, als ich hier war. Ich musste noch einige Dinge erledigen und dachte, ich komme auf dem Rückweg vorbei und verschaffe dir etwas Abwechslung zur Konservenkost. Als ich ankam, warst du weg und die Wölfin auch.«

»Wir waren jagen«, platzte es, nicht ohne Stolz, aus mir heraus.

»Ach ja?« Er grinste mich herausfordernd an. »Hast du den Hirsch mit den Zähnen oder mit den Händen niedergerissen?«

Ich verzog beleidigt den Mund. »Ich wollte es ihr leichter machen und habe mit Müsli ein paar kleine Beutetiere für sie angelockt.«

Bill seufzte tief. »Ihr Städter. Ihr versteht einfach nicht. Man soll sich nicht einmischen. Die Natur nimmt ihren Lauf. Es braucht nur Geduld.«

Sein versteckter Vorwurf ärgerte mich. »Gestern hast du noch gesagt, Katara und ich sollte voneinander lernen. Ich hab sie ja nicht gefüttert, aber eine kleine Hilfe wird ja wohl erlaubt sein. Da ist doch nichts dabei.«

Er musterte mich durchdringend. Sein Blick ging mir tief unter die Haut, verscheuchte meine Ärger und rief stattdessen Unsicherheit wach. Ich fühlte mich fast wieder wie früher bei meinem Vater, wenn er mir einen seiner Lehrvorträge halten wollte.

»So, so, es ist nichts dabei. Na ja, ich weiß nicht, ob das Eichhörnchen oder der Hase oder was auch immer Katara durch deine List erwischt hat, es genauso sehen würden.«

Ich schluckte. »Beides«, erwähnte ich kleinlaut. »Und letztlich ist es nun mal so in der Wildnis. Fressen und gefressen werden.«

Darauf antwortete Bill nicht mehr.

Wenig später saßen wir zusammen am Tisch und aßen den Eintopf, der aus etwas Fleisch und allerhand Gemüse bestand. Entgegen meiner ersten Vermutung stammte das Fleisch nicht von einem frisch erlegten Wildtier, sondern von einem Schaf. Bill hatte im Supermarkt eingekauft.

»Verrätst du mir, was dich hierher verschlagen hat?«, wollte er wissen. »Jetzt zu dieser Zeit? Immerhin ist morgen Weihnachten. Da sollte man eigentlich bei der Familie sein, oder nicht?«

Ich biss mir auf die Lippen. »Ja, vielleicht. Aber ich habe keine Familie mehr. Als meine Ma starb, war ich noch ganz klein. Ich erinnere mich kaum an sie. Und mein Dad ist vor ein paar Jahren ebenfalls gestorben. Wir hatten die letzten Jahre kein besonders gutes Verhältnis mehr zueinander. Heute tut mir das leid.«

Bill nickte und brummte nachdenklich. »Es ist immer besser, Streit schnell zu vergeben. Das Leben ist nur ein Wimpernschlag. Viel zu schnell ist es zu spät für die Dinge, die wir nicht gesagt oder getan haben. Die Wölfe machen das richtig. Im Rudel muss Frieden herrschen, weil man nur gemeinsam stark ist. Wenn Wölfe ihr Rudel verlassen, dann um ein neues, eigenes zu finden. Und dort gelten wieder die Regeln der Familie.«

Seine Worte lösten eine Vielzahl von Gefühlen in mir aus, über die ich jetzt weder nachdenken noch reden wollte.

»Mein Dad war Wissenschaftler. Er hat Gehegewölfe studiert. Ich schätze, eine fantasievolle Romanautorin passte nicht in den Lebensplan, den er für seine Tochter im Kopf hatte.«

»Ach, du schreibst.« Es war eine simple Feststellung, dennoch fühlte es sich wie eine Frage an.

»Ja, ich verdiene damit meinen Lebensunterhalt. Darum bin ich auch hier. Ich sollte eine wildromantische Liebesgeschichte schreiben, die im Winter spielt und mit Wölfen zu tun hat. Da war die Hitze Floridas nicht gerade inspirierend.«

Wieder nickte Bill nur und füllte dann unsere Teller nach. Erst als wir mit dem Essen fertig waren, griff er den Faden wieder auf.

»Magst du das, was du schreiben sollst?«

Ich runzelte die Stirn, weil es so herausfordernd klang. »Ja … nein … ich meine … Das spielt eigentlich keine Rolle. Es ist ein Job. Wie gesagt, ich verdiene damit meinen Lebensunterhalt, da muss ich schon das schreiben, was gefragt wird. Und dieser Roman hier könnte mein großer Durchbruch werden. Der Deal ist der beste, den ich je hatte.«

»Hm!«, machte Bill. »Aber du fühlst die Geschichte nicht. Was man nicht fühlt, kann man auch nicht glaubhaft an andere weitergeben, denn es bliebe immer eine Lüge. Das ist wie mit Katara dort draußen. Sie muss lernen, zu fühlen, was sie tun soll und was nicht. Genau wie du. Ich sagte ja schon, ihr seid euch sehr ähnlich.«

Mir passte nicht, was er sagte, aber ich konnte ihm nicht einmal widersprechen. »Einen wilden Wolf mit einem City-Girl aus Miami zu vergleichen, ist ziemlich weit hergeholt«, sagte ich daher nur.

Er zuckte die Achseln, während er den Tisch abräumte und setzte dann Wasser für einen Tee auf. »Es kommt auf den Blickwinkel an. Ihr seid beide aus dem Gleichgewicht. Vertraut eurer inneren Stimme nicht. Fühlt euch verloren. Ihr habt beide keine Familie mehr und vermisst deren Rückhalt. Ihr blickt zurück, statt nach vorne zu sehen. Eine neue Familie zu finden. Und euren Platz im Leben. Einen, der auch ausfüllt und glücklich macht. Nicht einen, der euch eine Pflicht aufzwingt, die ihr nicht wollt.«

Ich schnaubte ungehalten. »Sehr kryptisch, Häuptling. Und was soll ich deiner Meinung nach tun?«

Bills Lächeln war sanft. »Das kannst du nur selbst entscheiden. Indem du lernst, dir wieder zu vertrauen.«

Ich lag in dieser Nacht noch lange wach und dachte über Bills Worte nach. Sie ließen mir keine Ruhe. So vieles aus meinem Leben fand eine völlig neue Bedeutung, wenn ich es unter diesen Gesichtspunkten betrachtete. Eigentlich hatte ich immer das getan, was andere von mir erwarteten. Als Kind hatte ich meinem Vater gehorcht. Später hatte ich mich gegen ihn aufgelehnt, weil andere mir gesagt hatten, ich müsse aus seinem Schatten treten. Diese anderen waren lange nicht mehr da, waren nur wenige Schritte mit mir auf meinem Lebensweg gegangen. Aber lange genug, um mich von meinen Wurzeln abzutrennen, zu denen ich allein nie wieder zurückgefunden hatte.

Die Geschichten, die ich in meiner Anfangszeit geschrieben hatte, hatten alle darauf abgezielt, meinen Dad herauszufordern. Ich schrieb über Werwölfe und malte genau das Bild von Wölfen in die Köpfe meiner Leser, das mein Vater so verzweifelt versucht hatte, auszulöschen. Eigentlich hatte ich nur eines damit erreichen wollen: Dass er mich deswegen zur Rede stellte. Mich anschrie. Mich fragte, was das sollte. Ich war zu stolz gewesen, zurückzugehen und wieder seine Tochter zu sein. Anders – aber trotzdem seine Tochter. Also hatte ich darauf gewartet, dass er den ersten Schritt tat. Doch er hatte ihn nie getan, und jetzt war es zu spät. Ich hätte soviel anders machen müssen.

Und jetzt? Jetzt stand ich wieder da und fügte mich dem Willen eines anderen, der glaubte zu wissen, was das Beste für mich war. Vielleicht war es das sogar, aber nicht so. Nicht auf diese Weise.

Durch das Fenster meiner Cabin fiel das Mondlicht herein und lenkte meine Gedanken nach draußen, wo Katara unter der hohen Kiefer schlief. Sie stellte mich nicht infrage. Sie erwartete nichts. Sie urteilte nicht. Seltsam. Wir hatten beide vom ersten Moment an keine Furcht voreinander verspürt, obwohl es auf beiden Seiten die natürlichste Reaktion gewesen wäre. Wir sahen einander an, respektierten uns und waren gespannt, was wir einander zu geben hatten.

Ich musste lächeln. Hatte ich nicht heute Abend noch zu Bill gesagt, man könne uns wohl kaum miteinander vergleichen? Aber der Indianer hatte Recht. Wir waren uns wirklich ähnlich – die Wölfin und ich. In den nächsten Tagen würde ich umsichtiger sein, wenn ich nach draußen ging. Ich wollte meine neue Freundin nicht auf falsche Wege führen.

»Na, macht ihr Fortschritte, ihr beiden?«

Bill hackte Holz vor meiner Cabin, obwohl noch mehr als genug an der hinteren Wand lagerte.

Ich warf einen Blick zurück auf die Wölfin, die wie immer unter der Kiefer stehenblieb, während ich weiter bis zur Hütte ging.

»Ja, das könnte man so sagen. Ich streue zwar kein Futter mehr, aber wir durchstreifen gemeinsam die Gegend. Gestern war es nicht so von Erfolg gekrönt, aber heute haben wir wieder ein Kaninchen gefunden und Katara hat sich als geschickte Jägerin erwiesen. Zufrieden?«

Mein Indianer grinste breit und wischte sich den Schweiß von der Stirn. Vor ihm türmten sich frisch geschlagene Scheite.

»Hilfst du mir, sie hinters Haus zu bringen?«

Nachdem wir das Holz aufgesetzt hatten, bereiteten wir gemeinsam das Abendessen zu.

»Warum bist du eigentlich nicht bei deiner Familie?«, wollte ich wissen. »Oder feiern Indianer kein Weihnachten?«

Bills Gesichtszüge waren unergründlich. Das Feuer spiegelte sich auf seiner Haut, die langen Wimpern seiner halb geschlossenen Lider warfen Schatten auf die hohen Wangenknochen. Was für ein attraktiver Mann, schoss es mir durch den Kopf.

»Du und Katara seid nicht die einzigen, die einen neuen Weg finden müssen«, sagte er schließlich leise.

Seine Worte, vor allem aber die Art, wie er sie aussprach, versetzten mir einen schmerzhaften Stich.

»Es tut mir leid«, flüsterte ich. Mit einem Mal hatte ich einen dicken Kloß im Hals, der sich noch verstärkte, als Bill mich ansah.

»Das muss es nicht.«

Was war das, was ich in seiner dunklen Iris sah? Sein Gesicht war mit einem Mal so nah. Und dann spürte ich seine weichen Lippen auf meinen. Nur einen Wimpernschlag lang.

Es war das erste Weihnachten seit vielen Jahren, das ich nicht allein verbrachte. Und das Geschenk, das ich in diesem Jahr erhielt, war wertvoller als jedes andere zuvor, weil man es mit Geld nicht kaufen konnte.

In Bills Armen fühlte ich mich geborgen. In meinem Inneren breitete sich wärmende, zufriedene Ruhe aus. Irgendwann in der Nacht glaubte ich, Katara heulen zu hören. Ein Lied von Freiheit, Hoffnung und Zuversicht. Ich hätte ihm jede Nacht lauschen können, bis ans Ende meines Lebens. »Danke, Katara«, raunte ich leise. Dieses besondere Weihnachtsgeschenk verdankte ich ihr und dem, was sie mich in den wenigen Tagen gelehrt hatte. »Weihnachtwölfe gibt es doch, Dad.«

Unschlüssig blickte Katara zwischen der Holzhöhle und dem Wald hin und her. Sie mochte die Zweibeinerin sehr. Mit ihr zusammen fühlte sie sich sicherer. Nicht mehr so allein. Sie hatte Beute geschlagen. Erst hatte das Zweibeinerweibchen ihr dabei geholfen. Aber dann war sie nur noch mit ihr gegangen und hatte ihr Mut zugesprochen. Jetzt vertraute Katara wieder darauf, dass sie jagen konnte. Nicht nur mit ihrer Familie, sie konnte es auch ganz allein. Eichhörnchen und Kaninchen waren eine Beute, die sie über den Winter bringen würde. Ihr Bauch fühlte sich heute angenehm voll an.

Witternd hob die Wölfin ihre Nase in Richtung der Zweibeiner. Das Männchen war auch da. Und heute Nacht blieb es sogar. Sie konnte das verstehen. Die beiden passten gut zueinander, und Katara fühlte viel Harmonie zwischen ihnen. Eine Kraft, die alte Wunden heilen konnte. Es war gut so. Sie freute sich für das Weibchen. Aber gleichzeitig wurde ihr Herz sehr schwer. Sie sehnte sich danach, auch wieder zu jemandem zu gehören. Einsamkeit war grausam. Katara seufzte.

Mit einem stummen Dank im Herzen wandte sie sich schließlich ab. Es sollte so sein. Zweibeiner und Wölfe konnten kein Rudel werden. Aber das Weibchen hatte ihr dennoch etwas gegeben. Neue Hoffnung und Zuversicht. Katara wusste jetzt, dass sie es schaffen würde. Und mit einem Mal fand sie auch den Mut, wieder ihre Stimme zu erheben. Die Wölfin legte den Kopf in den Nacken und sandte einen langen, sehnsuchtsvollen Ruf hinaus in die Nacht, dessen Echo noch über die Ebene zu hallen schien, als ihr Schatten längst mit der Dunkelheit verschmolzen war.

Am nächsten Morgen war Katara fort. Ich machte mir keine Sorgen um sie, aber ich war traurig. Ich hatte mich in den fünf Tagen an sie gewöhnt. Konnte man sich so schnell an ein Leben gewöhnen, das das genaue Gegenteil des bisherigen war? Und an eine Gesellschaft, die in ihrer Stille nicht weiter entfernt von der hätte sein können, die ich in Florida gewohnt war?

Ich wollte nicht zurück nach Miami. Ja, ich wollte bei Bill bleiben. Aber nicht nur. Ich wollte auch in diesem Land bleiben. Diese Freiheit erleben. In Kataras Nähe sein. Alles hinter mir lassen, dem ich so lange nachgejagt war, obwohl es mich immer unglücklicher gemacht hatte.

»Und was wird aus deinem großen Durchbruch. Aus dem vielversprechenden Deal?«, fragte Bill und küsste mich auf die Schläfe.

Ich lehnte mich an seine Brust und blickte über die weite, weiße Ebene, die am Horizont von den dunklen Schatten des Waldes begrenzt wurde. Auf halbem Weg zog eine kleine Herde Hirsche vorüber.

»Ich kann überall schreiben«, erwiderte ich lächelnd. »Und ich glaube, diese Geschichte wird die beste sein, die ich je geschrieben habe. Weil ich sie fühle.«

Ich spürte sein Lächeln ebenso wie die Kraft seiner Arme, die mich umschlossen. Und dann – ganz unvermittelt – wurde die Stille um uns herum durch ein lang gezogenes Heulen unterbrochen. Katara! Ich würde ihre Stimme immer wieder erkennen.

Doch als das zweite Heulen erklang, war ich mir plötzlich nicht mehr sicher. Es klang dumpfer und zog sich weiter in die Länge. Die Erklärung ließ nicht lange auf sich warten. Nur Sekunden später preschten zwei graue, schlanke Schatten über die Ebene, direkt auf die Hirsche zu. Fasziniert beobachtete ich, wie sie ein einzelnes Tier von der Herde trennten und es nach einer kurzen Jagd gemeinsam zur Strecke brachten. Kein Zweifel, das war meine Wölfin. Und sie war nicht länger allein.

»Sie hat es geschafft. Katara hat ihren Weg wiedergefunden. Den ihr bestimmten Gefährten und ihren Platz im Leben«, raunte Bill.

Ja, dachte ich still bei mir und blickte von den beiden Wölfen zu Bill und wieder zurück, während mir eine leise Stimme zuflüsterte, dass Katara da nicht die Einzige war.

Wolfsmädchen

Anton Vogel

Die Schwäbische Alb, ca. 20.000 Jahre v. Chr.
»Er muss verschwinden. Willst du, dass wir verhungern?!«
Jana hob den Blick von der Fischharpune, die sie mit neuen Zinken versehen hatte, und schaute zu ihrem Wolf hinüber. Er saß zwischen den dünn verschneiten Hütten des Lagers, die Ohren aufmerksam gespitzt. Jana fühlte den Blick seiner gelbgrünen Augen. Der einzige Welpe, der nicht in die Mägen der Sippe gewandert war.

»Bitte, Vater«, hatte sie in der Wärme jenes Hochsommertages gefleht, »er ist der kleinste. Selbst wenn er groß ist, wird er uns nichts tun. Ich kümmere mich um ihn. Und unsere Leute erzählen doch immer wieder von Frauen, die kleine Wölfe, Füchse oder auch Bären an der Brust gestillt haben, als seien sie ihre eigenen Kinder. Großmutter sagt, dann sind sie nicht mehr Fremde, mit denen wir um das Fleisch streiten, sondern Brüder und Freunde, die ihre Beute mit uns teilen.«

Das Mädchen schaute sich nach seinem Vater um, doch es spürte, dass es Jurak nicht würde umstimmen können. Eisig strich der Wind über die Steppenhänge, schwarz plätscherte der Fluss zwischen den kahlen Weidendickichten. Von der Fülle des kurzen Herbsts hingen nur noch wenige Beeren an den Sträuchern. Die letzte Rentierjagd, zu der sich Janas Sippe wie jedes Jahr mit zwei Nachbargruppen getroffen hatte, war erfolglos gewesen. Die Geister der Tiere waren zu wachsam, hatten die Herde an ihrem Jagdgebiet vorbei gelenkt.

»Sie spüren, dass ein Wolf unter uns weilt. Ihr größter Feind.«

Das bekam sie oft zu hören. Am Anfang des Winters gab es keine Duldung mehr, ein Stück Fleisch oder Fisch mit einem Raubtier zu teilen. Wolfsmädchen! Dieses Wort lauerte immer häufiger in ihren Gedanken und Mienen, wenn sie Jana und den jungen Wolf ansahen. Missbilligend. Drohend.

Aus einer der Fellhütten drang das Krähen eines Brustkindes. Luwas Kind.

Fast gleichzeitig bemerkte Jana den Laut in der Ferne. Zuerst wirkte er wie eine summende Verdichtung der Winterluft. Dann öffnete sich der Ton, rundete sich zu einem vollen, lang gedehnten Heullaut, der anstieg, wieder abschwoll, von einer zweiten, einer dritten Stimme ergänzt wurde. Eine pelzige Wärme kroch ihr über den Rücken, so schauerlich klang es, so schön.

»Ailako«, flüsterte Jana beschwörend. Der Jungwolf hatte sich auf seine Läufe gestellt, den Hals zurückgebogen, das Maul leicht geöffnet. Sein Heulen lockte sogleich die Menschen auf den Platz, aus ihren Zelten, von den Arbeiten, denen sie an den Feuerstellen nachgegangen waren. Ihre Hände umklammerten Steine, Speere, Stöcke, einen brennenden Ast.

Mit zurückgelegten Ohren duckte sich Ailako. Sein Schweif hing zwischen den Hinterläufen, wedelte in hastigen Schwüngen.

»Nein!«, rief Jana. »Hört auf!« Doch es war zwecklos. Die Geschosse flogen. Ailako wich hinter die Zelte aus. Die gesamte Lagergemeinschaft war nun auf den Beinen, ein Haufen grölender, schreiender Wut.

»Lauf, Ailako! Verschwinde! Sonst töten sie dich!« Tränen verschleierten Janas Blick. Wo war ihr Wolfsbruder? Nach bangen Herzschlägen sah sie ihn wieder. In weiten Sprüngen floh er zum Dickicht am Fluss.

Sie fühlte eine Hand auf der Schulter. Sah in das breite Gesicht ihres Vaters, war beruhigt und getröstet von seiner Wärme und Güte. Es war diese Ausstrahlung von Ruhe, die Juraks Worten und Gesten so viel Gewicht verlieh und ihm Autorität in der Gruppe verschaffte. »Es ist gut. Er soll seiner Wege ziehen.« Jana verstand, aber ein Teil von ihr folgte dem Wolf in die Steppe.

In Placken, Schuppen und Zapfen hängte sich der Schnee an den zusammengerollten Körper und überkrustete die Zweige des Busches, hinter dem er sich niedergelegt hatte. Während er unter dem Sturm vor sich hindämmerte, zogen Gerüche durch den Nebel seiner Sinne. Bilder und Erinnerungen aus seiner früheren Welpenzeit.

Der warme Duft der Mutter. Die klebrige Süße ihrer Milch. Pfotentritte gegen die Weichheit der Zitzen. Erste bewegliche Schemen, die blieben, wenn er die Augen offen hielt. Als sie in die Welt des Lichtes hinaus tapsten, mischte er sich unter die Balgereien der erdbraunen Leiber. Oft aber hielt er sich abseits, lauschte den vielfältigen Geräuschen, lernte, sie immer besser zu unterscheiden. Oder er setzte sich, wenn er das vorverdaute Fleisch, das die Mutter hervorwürgte, verschlungen hatte, auf einen niedrigen Hügel. Im Schutz der Birkensträucher verbrachte er die Zeit damit, sie zu beobachten: die Zweibeinwesen mit den nie verstummenden Stimmen, die sich in der Nähe des Baues niedergelassen hatten.

Riesige Tiere standen reglos am Lagerplatz der Fremdlinge. In ihren Leibern verschwanden die Zweibeiner von Zeit zu Zeit und schlüpften wieder aus ihnen hervor. Der Strom ihrer Laute drang zu ihm herüber. Er kaute und leckte an den harzigen Birkenblättern, schnappte nach den Stechangriffen, die aus der Luft herab sirrten. Eines der Wesen kam manchmal nah an sein Versteck. Dann kroch er tiefer ins Gebüsch und legte den Kopf auf die Vorderpfoten. Dennoch ließ nicht nur Furcht sein Herz klopfen, sondern auch eine angespannte Neugier.

Er hatte für sich im Dickicht gelegen und gedöst, als sie eines Tages angriffen. Schwaden von Blut und Tod waren aus der Richtung des Baues in seine Nase geströmt. Zum ersten Mal in seinem Leben hatte er eine tödliche Gefahr gespürt und war noch weiter ins Gebüsch gekrochen. Als er nach langer Zeit hungrig, verwirrt und ängstlich zum Bau zurück tappte, war von seiner Familie nichts mehr zu finden außer Blutspuren und ein paar Fellfetzen. Über allem hing der Geruch der Zweibeinwesen.

Ailako schreckte aus seinen Träumen auf, reckte die Ohren und schüttelte den Schnee ab. Plötzlich sog er eine bekannte Witterung ein. Seine Zunge glitt über die Lefzen. Die Augen blinzelten. Eine aufrechte Silhouette stapfte hinter den Hügeln hervor. Das Zweibein mit der hellen Stimme. Es hatte ihm immer Fleischstücke zugeworfen. Oft beruhigte ihn sein Flüstern, wenngleich ihm auch unter seinen starrenden Blicken unbehaglich wurde. Dennoch hatte es wie ein Schutz zwischen ihm und den anderen seiner Art gestanden. Es war ihm nie so vertraut geworden, wie seine Eltern und Geschwister es gewesen waren, und es erschreckte ihn, wenn es sich aus der Hocke zu voller Größe erhob. Doch in seiner Nähe hatte er manchmal seine Einsamkeit und Verwirrung fortträumen können.

Und nun war das Zweibein allein unterwegs. Der Jungwolf spürte, dass es etwas suchte. Nahrung? Es konnte sich lohnen, ihm zu folgen und zu sehen, was es tat. Eine Drehung des Windes trug ihm einen vertrauten Wolfsgeruch zu. Seine neuen Gefährten waren ebenfalls in der Nähe.

Schnee knirschte unter Janas Schuhen. Immer noch fühlten sich ihre Füße warm an, nur an den Zehen drang Taubheit durch die Schichten aus Rentierfell, Binsengeflecht und Schneehuhnfedern. Auch aus ihren Hosenbeinen, dem Lederhemd, der Fellweste und dem Mantel, der vorn mit Fuchszähnen geschmückt war, entwich die Wärme. Letzte Nacht hatte sie allein unter einem Felsvorsprung gesessen, einem notdürftigen Schutz vor dem Schneesturm, der sie am Vortag überrascht hatte. In dem engen, feuchten Unterstand hatten die herein treibenden Flocken ihre Bemühungen vereitelt, mit dem Zündsteinknollen Feuer anzuschlagen. Noch kein Grund zur Verzweiflung. Die Hoffnung aufzugeben und in Panik zu geraten, konnte erst recht den Tod bedeuten. Sorgen machte sie sich vor allem um Mikai, der mit ihr losgezogen war, die Fallen für Kleinwild zu leeren. Im tosenden Gestöber hatten sie sich aus den Augen verloren.

Sie sehnte sich nach einer Mahlzeit, nach Gesellschaft am Feuer, nach Jurak, ihrer Mutter Nareka und Jolo, dem Brüderchen. Sie wollte mit ihrer Freundin Luwa lachen und ihre kleine Tochter betrachten. Könnte sie nur unter den Fellplanen der Hütte sitzen und zusehen, wie Luwa das flaumige Köpfchen an ihre Brust drückte.

Mikai war Luwas Bruder. Eigentlich lebte er in der Sippe seines Vaters, war aber seit der erfolglosen Rentierjagd und der Geburt des Kindes bei seiner Schwester geblieben, um sie und ihren Gefährten zu unterstützen. Oft saß Mikai an einem abgelegenen Platz und schnitzte an einem Stück Mammutstoßzahn. Es hatte etwas Geheimnisvolles, fand Jana, wenn er das Elfenbein so hingebungsvoll bearbeitete und Formen aus ihm schuf, der toten Zahnmasse Leben eingrub. Während sie daran denken musste, wurde ihr klar, wie sehr sie den Jungen mochte. Hoffentlich war ihm nichts zugestoßen. Plötzlich beschlich sie ein schreckliches Gefühl der Einsamkeit. Wie durchgefroren und erschöpft sie war!

Der Schmerz zerrte an ihren Beinen, während sie sich, auf den Schaft des Speeres gestützt, den Steilhang hinauf quälte. Zur Rechten ragten Felszacken über der schneebedeckten Geländekante auf. Immerhin kam ihr die Umgebung im gedämpften, aber klaren Licht wieder bekannt vor. Allzu weit konnte sie nicht mehr vom Lagerplatz entfernt sein.

Da! Auf der anderen Seite war etwas hinter einem verschneiten Wacholder hervor geschlichen. Jana packte den Speer fester. Ein Raubtier, raunte eine Stimme in ihrem Inneren. Gleichzeitig breitete sich eine beherrschte Ruhe in ihr aus.

Eine Weile hörte sie nichts als das Pochen ihres Herzens. Ihr lange angehaltener Atem strömte in einer Dampfwolke aus. Sie wusste nicht, ob die Waffe in den Fäustlingen sie schützen konnte, sie wollte nur wissen, was da drüben lauerte. Vorsichtig legte sie den Kopf zur Seite, um unter den Aufschlägen ihrer Wolfskappe besser sehen zu können.

Immer noch spürte sie keine Furcht, als das Tier in ihr Blickfeld kam. Umso mehr empfand sie seine Schönheit. Und Erleichterung, als sie ihn an dem brandschwarzen Schulterfleck erkannte. Er war noch nicht vollständig ausgewachsen, die Läufe lang und schlaksig. Eine dichte Fellkrause wuchs ihm um den Hals.

»Ailako«, hörte Jana sich flüstern.

»Ailako.« Die Wolfsohren spitzten sich, zogen die Augen in einen Ausdruck prüfender Wachheit. Ein Gefühl von Schuld überkam Jana: Die Jäger hatten seine Mutter und seine Geschwister getötet, nachdem die Altwölfe mehrmals am Rand des Lagers aufgetaucht waren. Als Letzter hatte der Rüde seine Jungen verteidigt, bis eine Speerwunde am Hinterlauf ihn forttrieb. Aber vielleicht hatte die sterbende Wölfin ihre Liebe auf sie übertragen, damit sie ihren überlebenden Welpen fütterte – als Gegenzug für die Leben, die ihnen die Menschen genommen hatten.

Ailakos Nähe erfüllte sie nicht mit Furcht, sondern mit neuer Zuversicht. Sie stieg weiter, die Kante des Berghangs entlang. Von der Kuppe aus würde sie den Weg zum Lager erspähen.

Ihr Fuß trat ins Leere. Als die Schreckwellen durch ihre Brust schossen, war sie bereits etliche Manneslängen talwärts geschlittert. Schnee plumpste auf sie hernieder und rutschte ihr in den Kragen. Benommen sah sie die Gruppe der Felszacken um sich kreisen. Stöhnend wälzte sie sich auf einen Ellenbogen und rieb sich die Hüftknochen, in denen der Schmerz pulste. Ihr Speer lag eine Armlänge von ihr entfernt am Ende der Schlitterbahn. Sie riss den Blick zum Rand der Mulde empor. Was, wenn ihr Sturz doch einen dunklen Beutetrieb in dem Wolf geweckt hatte?

»Jana?« Wie von fern drang die Stimme an ihr Ohr. Der knabenhafte Klang brach ab, setzte sich in einem Krächzen fort: »Jana, bist du es?« Jetzt erst bemerkte sie den Rauchgeruch. Im Schatten der Felswand knackte ein frisch entfachtes Feuer. Und die Gestalt, die sie vorsichtig in die Höhe zog – war Mikai!

»Sieh dort. Ist das nicht Rauch?«

Er beschattete die Augen mit der Hand. »Ja. Es ist das Lager! Deine Leute – und meine!«

Trotz des Schneesturms waren sie nicht allzu weit von der Siedlung entfernt. Gleich jenseits des Hügelsporns, den sie erklommen hatten, breitete sich die Uferterrasse aus. Grün schimmerten die Untiefen des Flusses, auf dem Schnee konnten sie die kuppelförmigen Umrisse der Hütten erkennen. Rauch stieg aus den Dachöffnungen.

Freude durchströmte Jana. Nicht nur, weil ihre Lage sich zum Guten wendete. Mikai hatte ausgedrückt, dass ihre Sippen zusammengehörten.

Ein Knurren und Japsen in der Nähe riss sie aus den Gedanken. Gerade noch sah sie Ailako hinter der Hügelrundung verschwinden. Was hatte den Wolf so erregt? Das »Klonk! Klonk!« eines Raben fiel aus dem Himmel, hinter dessen Wolken die Sonne kalt gen Westen zog.

»Was ist das?« Mikai nahm Jana bei der Schulter und deutete nach Osten. »Siehst du es auch?«

Wie ein Wolkenschatten trieb der schüttere, braune Fleck über die Hochfläche, die sich jenseits des Tales erstreckte. Einzelne Bänder zweigten von der Masse ab, schlängelten sich über Hangstufen in die Niederung hinab, vereinten sich im flacheren Gelände.

»Tattaku! Tattaku!« stieß Jana hervor. Sie wagte nicht, den Namen dieser Geschöpfe auszusprechen, die ihrer Familie Nahrung bringen würden, Kleidung und neues Werkzeug. Um ihre Geister nicht wieder zu verschrecken, nannte sie nur das lautmalende Wort. »Tattaku« – so knackten und knisterten ihre Tritte, wenn sie über die Steppe zogen. Aus der Ferne klang es wie das Murmeln und Hüsteln unzähliger Stimmen.

Sie strömten in die Flussebene hinunter. Wenn die Jäger schnell genug waren, konnte Janas Sippe Vorräte zurückbehalten, die für einen Mond oder länger reichten. Aber es war Ailako gewesen, der sie und Mikai als Erste auf die Tattaku aufmerksam machte. Vielleicht trieben Wolfsgeister die Herde in die Richtung der Gemeinschaft? In alten Zeiten hatten Wölfe und Raben Janas Stamm das Jagen gelehrt. Den graubraunen Rudeljägern und deren Spähern verdankten sie das Wissen über Zusammenarbeit und Taktik. Wölfe hatten sogar mit Menschen gejagt, erzählten die Geschichten.

»Los, Mikai! Wir müssen unsere Leute rufen!« Eine Bergfalte verbarg die Rentiere noch vor dem Blick der Menschen, die am Flussufer saßen. Wieder rutschte Jana fast auf dem Hinterteil zu Tal. Schneeklumpen rollten unter ihren Füßen weg.

Aus dem Augenwinkel glaubte sie zu sehen, wie weit entfernt zwei Gestalten auf die Herde zutrabten. Wölfe. Auch sie liefen zur Jagd. Bald würde die Nacht in den Wintertag hinein sinken. Wenn die Jäger nur rasch genug aufbrachen …

Jana schlug die Tür aus Rindenplatten beiseite, schloss sie und ließ das Gelächter in der Versammlungshütte zurück. Das Grubenhaus brodelte vom Höhepunkt eines Schlachtfestes, das schon zwei Tage andauerte. Von den Speerschleuder-Schützen bis zu den kleinen Kindern, die mitgeholfen hatten, die Häute abzuschaben – alle waren glücklich gewesen, bis zu den Ohren von Blut und Fett zu kleben. Nun platzten ihnen die Bäuche vor Sattheit. Immer noch trockneten Fleischstreifen an den Räuchergestellen.

Janas Daumen strich über das Elfenbein, das sie in der Hand hielt. Mit einem verlegenen Lächeln hatte Mikai ihr seine Schnitzfigur zugesteckt: eine Menschengestalt mit Raubtiergesicht. Vielleicht ein Bär, vielleicht auch ein Wolf. »Wolfsmädchen«, hatte er geflüstert. Seine Zähne schimmerten zwischen den torfbraunen Wangen und den schwarzen Lockensträhnen, die sein Gesicht umgaben. »Sie erzählen, dass du mithilfe eines Wolfes die Rentiere entdeckt hast. Du wirst Teil einer neuen Geschichte: Jana, das Mädchen, das mit den Wölfen spricht.«

Einige Schritte entfernt sah sie ihn in der Dämmerung. Geduldig schien er auf sie gewartet zu haben. Sie blickte sich um. Ein aufgehängtes Fell schaukelte im Wind, die einzige Bewegung, die sie in der Nähe wahrnahm. Niemand sah ihr zu. Sie warf den Fleischknochen von sich.

»Hier, Ailako, mein Bruder.«

Er packte den Klumpen, drehte sich mit einem Ruck in die Gegenrichtung und sprang in die beginnende Nacht. Dann war es still. Doch sie wusste: In der Dunkelheit würde er über sie wachen. Und ihr neuer Schutzgeist, der aus dem Mammutzahn entstanden war. Und Mikai, der das Elfenbeinwesen geweckt hatte.

Kurz legte er die Ohren zurück, dann überließ er ihm den Rest vom Fleisch. Vertrautheit ging von dem hinkenden Wolf aus. Sein Geruch war voll Erinnerung an verspielte und schläfrige Tage, die so plötzlich geendet hatten. Ein paar Mal hatte der verletzte Rüde noch Futter für ihn ausgewürgt, sich jedoch immer seltener in die Nähe des Baus geschleppt, und der junge Wolf war schließlich dorthin geschlichen, wo die helle Zweibeinstimme den verbliebenen Weg zu Nahrung wies. Jetzt beschnupperte er die Narbe am Hinterlauf des Alten.

Als der Welpe größer geworden war, hatte er im Umkreis des Zweibeinlagers Kot des alten Rüden gewittert und war seinen Spuren gefolgt. Manchmal trug er ein Stück Fleisch aus dem Lager in die Steppe, wo er es in Ruhe verschlingen wollte. Dann stand der Ältere schon da, mit seinem von Narben verengten Auge, dem struppigen Fell, der mageren, aber noch immer respekteinflößenden Gestalt. Meist teilten sie nachsichtig miteinander, bisweilen bestand der Hinkende mit unmissverständlichem Knurren auf dem größeren Anteil.

Ein anderer Jungwolf zauste ihn am Nackenfell, dass der festgefrorene Schnee unter den Bissen knirschte. Der Welpe stemmte sich Brust an Brust gegen ihn, keilte sein Gebiss in das des Spielgegners, ein vor Vergnügen abgehacktes Winseln entwich ihren Kehlen. Der Gefährte roch nach einer fremden Familie. Dennoch war er seinesgleichen. Auch er wagte sich in die Nähe der Zweibeiner. Sie konnten gefährlich sein, aber sie ließen immer wieder Fleisch zurück. Wenn man die Jäger mit den sprudelnden Stimmen gut genug beobachtete und zur rechten Zeit auf Abstand blieb, konnte man eine Menge Nutzen von ihnen haben. Sie wurden Verbündete, gleich den stets wachsamen Vögeln mit dem rauen Ruf und dem scharfen Federgeruch. Mit seinem neuen Rudel würde er den Zweibeinern folgen.

Das Leben hatte wieder begonnen.

Der Winterwolf

Andrea C. Schäfer

Conny schloss das Auto auf, öffnete die Heckklappe, legte ihren Rucksack ab und nahm das Tarp heraus. Sie stellte das Sonnensegel mit zwei Ästen so auf, dass durch die Abspannung Regen und Schnee die Ladefläche nicht erreichen konnten. Sie setzte sich in das Heck des Wagens, öffnete den Rucksack und legte den Inhalt Stück für Stück parat: eine Kunststoffbox mit belegten Broten, ein Apfel, eine Wasserflasche, eine Dose mit trockenen Rohrkolbenfasern, das Billig-Fernglas, die Tasche mit dem Bogen, den Köcher und die Pfeilröhre. Der Rucksack landete mit Schwung bei den platten Hinterrädern. Das Auto würde nirgendwo mehr hinfahren …

Konzentriert schraubte die Frau ihren Jagdbogen zusammen. Saßen die Wurfarme fest und gerade? Mit der Spannschnur aus der Köchertasche brachte sie die Sehne in Position. Ein kritischer Blick sagte ihr, dass sie bald eine neue wickeln musste. Nochmals den Bogen angesehen, ja, nun passte alles. Sie stellte ihn an die Türzarge. Conny öffnete die Pfeilröhre und nahm ihre letzten Carbonpfeile heraus. So langsam würde sie sich auch mit Pfeilbau beschäftigen müssen, Holz gab es ja noch im Überfluss. Sie kontrollierte die Spitzen. Mangels Alternative hatte sie die Scheibenspitzen mühsam mit einer Feile scharf geschliffen. Für Niederwild reichte es.

Sie steckte die Pfeile in den lockeren Waldboden und checkte das Tarnnetz, das sie vor längerer Zeit zwischen zwei Bäume gespannt hatte. Dann zog sie ein paar trockene Äste unter dem Auto hervor. Es war doch eine gute Idee gewesen, sie unter dem Wagen zu deponieren, damit immer ein Vorrat trockenes Feuerholz vorhanden war. Neben dem Jeep hatte sie sich vor längerer Zeit bereits eine kleine Feuerstelle aus Steinen gebaut. Mit dem handgeschmiedeten Messer, das sie vor vielen Jahren in Finnland gekauft hatte (wie mochte es dort inzwischen aussehen?), schälte sie sorgsam die Rinde von einem Ast und schnitt sie in schmale Späne. Nach Art der Sami schnitzte sie danach rundherum längliche Kerben in den Ast, sodass er wie aufgeplatzt aussah. Das Feuer würde dadurch mehr Angriffsfläche haben. Conny baute nun die Späne und Zweige zu einem Nest auf und deckte die Feuerstelle wegen des Nieselregens mit einer Plane aus dem Kofferraum ab. Da der Holzvorrat unter dem Auto zur Neige ging, suchte sie passendes Totholz und stapelte es unter den Jeep.

Hatte sie alles vorbereitet? Sie sah sich noch einmal um. Stimmt, die Schnüre könnte sie noch an die Dachreling hängen. Als das getan war, setzte sie sich auf die Ladefläche und biss in den Apfel. Nun hieß es warten.

Connys Lebensweise hatte sich in den letzten Monaten dramatisch verändert. Ach was, das Leben fast aller »zivilisierten« Bürger war über den Haufen geworfen worden. Zuerst der Zusammenbruch der Euro-Zone, die dadurch ausgelöste Weltwirtschaftskrise und dann die Terroranschläge auf die Gaspipelines aus den GUS-Staaten. Es hätte nicht so viel bedurft, um die Bevölkerung in Panik zu versetzen. Die Großbanken waren zusammengebrochen, Firmen gingen reihenweise pleite, Arbeitnehmer standen auf der Straße, Heizen wurde ein fast unbezahlbarer Luxus, die Stromversorgung versagte immer öfter. Hamsterkäufe waren die Folge und die Zunahmen von Raubüberfällen ließen die Leute in Scharen die Städte verlassen. Conny hatte »Glück«, sie war kurz vor der Krise mit einer Abfindung in den Vorruhestand geschickt worden. Das Geld hatte sie in ein kleines Häuschen in der Eifel investiert. Es war noch nicht lange her, dass sie die »Prepper« belächelt hatte, diese Menschen mit ihren Verschwörungstheorien und Zukunftsängsten, die Lebensmittel horteten und sich Bunker bauten. Diese »Spinner« hatten es jetzt deutlich besser.

Als ihr die Stadt zu gefährlich wurde, gab Conny ihr bisheriges Leben auf. In den Jeep lud sie, was ihr wichtig erschien: robuste Kleidung und Stiefel sowie alles, was an Lebensmitteln noch verfügbar war. Aus dem Keller das Zelt, Isomatte, Grill, Campinggeschirr und -kocher und ansonsten alles, was noch nützlich werden konnte, wie Seile, Messer, Taschen- und Ölleuchten, die alten Langlaufski und Schneeschuhe, Felle und Decken, die Werkzeugkiste und die Schreckschusspistole aus den 80ern. Den Bogen mit Pfeilen verstaute sie sehr sorgfältig. Den alten Computer ließ sie stehen, aber der Laptop und die Festplatten kamen mit. Das Internet funktionierte nur noch sporadisch – wenn man überhaupt Strom hatte. Mit Kredit- und EC-Karte hob sie Geld bis zum Limit ab. Zurückzahlen würde sie es eh nicht mehr müssen. Deswegen setzte sie das meiste in Benzin um, bei der horrenden Inflation der einzige Luxus, den sie sich noch gönnte. Auf die Prepaidkarte des Handys lud sie einen größeren Betrag; ob das irgendetwas nützen würde, war ungewiss. Zum Glück stand das Auto in der Garage, das Fahrzeug mit seiner wertvollen Fracht hätte sonst längst neue Besitzer gefunden. Der Ordner mit den wichtigsten Papieren wanderte mit ein paar Lieblingsbüchern in eine Klappkiste.

Es dauerte lange, bis Conny sich entschlossen hatte, was sie als Erinnerung mitnehmen wollte. Es war der Ordner mit den Fotos aus Südafrika. Lange hatte sie mit sich gerungen, ob sie nicht in einen der letzten Flieger dorthin steigen sollte, und sich dann dagegen entschieden. Die Lage war für die Weißen schwierig geworden, und um die Erhaltung der Tierwelt und Natur kümmerte sich inzwischen niemand mehr. Kanada hätte sie auch noch gereizt, aber das Land hatte seine Grenzen dichtgemacht. Ebenso wie die nordischen Länder. Offiziell konnte man nicht mehr einreisen. Und für die Schleuser reichte ihr weniges verbliebenes Geld bei Weitem nicht.

Die Katzen in ihrer Transportbox waren das Letzte, was Conny im Auto verstaute. Die Wohnungstür hatte sie offen gelassen. Wer immer Zuflucht finden wollte oder etwas brauchte, sollte zumindest nichts zerstören.

Ein paar Wochen lebte Conny in ihrem kleinen Ferienhäuschen in der Eifel. Dann war der Bürgermeister gekommen und hatte sie aus ihrer Bleibe geworfen, um dort zwei Familien einzuquartieren. Gegen die »schlagkräftigen Argumente« in Gestalt seiner Söhne mit Jagdgewehren half auch der Kaufvertrag nicht. Zwei Stunden hatte sie, um das Haus zu räumen. Wohin nur? In einem früheren Leben war Conny ab und zu zum Bogenschießen in die Eifel gefahren. Sie erinnerte sich an einen netten Sportkameraden, vielleicht wusste er, wo sie unterkommen konnte. Also lenkte sie ihr Auto in den kleinen Ort in der Nordeifel.

Bei Erich hatten sich bereits einige Bogenschützen eingefunden, teilweise mit ihren Familien. Es wurde eng, aber die Menschen verteilten sich irgendwie auf die Gebäude des alten Bauernhofes. Conny durfte bleiben und sich einen Bretterverschlag auf dem Heuboden einrichten. Jeder suchte sich eine Aufgabe oder ihm wurde eine zugewiesen. Und es gab genug zu tun: pflanzen und ernten, sammeln, Holz hacken, kochen, putzen, lehren und lernen, Holz- und Metallarbeiten in der Werkstatt, aber auch die Bewohner und ihre Lebensgrundlage beschützen. Alle bemühten sich, eine echte Hofgemeinschaft zu bilden, in der Entscheidungen gemeinsam getroffen wurden. Das ertrug nicht jeder. Einige verließen die Gemeinschaft, dafür kamen andere nach. Zum Hof gehörten Felder, ein Stück Wald, ein paar Schweine und Hühner und Erichs Jagdhund. Connys Katzen lebten sich schnell ein. Aus den Stuben- wurden echte Hoftiger, die sich bei den anderen durchzusetzen wussten.

Conny kümmerte sich um die Tiere. Ferkel, Küken und Eier, die sie selbst nicht brauchten, tauschten sie auf dem Markt im Dorf. Auch die Jagdbeute der Bogenschützen war begehrt. Überhaupt war das Tauschen lebenswichtig, nicht nur für Waren, auch für Dienstleistungen. Der einzige Arzt im Ort ließ sich fürstlich entlohnen. Die Apotheke in der fünfundzwanzig Kilometer entfernten Kreisstadt wurde von Scharfschützen bewacht und glich einem Hochsicherheitstrakt. Das Leben war deutlich schwerer geworden, aber die kleine Hofgemeinde hielt zusammen.

Mit dem letzten Sprit hatte Conny den Wagen irgendwann zu dieser Lichtung bewegt. Der Jeep war ihr Rückzugsraum, wenn sie ein paar Stunden Abstand von ihren Hofgenossen brauchte. Und er war ihr Ansitz, wenn sie jagen ging. Anfangs war gerade das schwer gewesen. Aus der großelterlichen Landwirtschaft war ihr das Töten von Tieren und das Schlachten vertraut. Aber das waren domestizierte Tiere, die man aufzog, um sie zu essen. Wilde Tiere waren nun einmal »wild«, und Conny musste zunächst lernen, wie ein Tier und wie ein Jäger zu denken. Der Umgang mit Pfeil und Bogen war ihr lange vertraut, aber das Schießen auf Tierattrappen im Wald war mit einer echten Jagd nicht zu vergleichen.

Die Dämmerung setzte ein. Der leichte Nieselregen ging in Schneeregen über. Vorsichtig kamen die Feldhasen aus ihren Sassen und begannen, das winterlich braune Gras zu äsen. War eine leckere Pflanze von einem kleinen Schneehäufchen bedeckt, schoben die Hasen mit ihren Schnauzen energisch das weiße Nass zur Seite oder kratzten mit den Vorderpfoten. Connys Instinkte wurden wach. Welcher Hase bot sich an? Sie hielt immer stille Zwiesprache mit der Natur. Leise nahm sie ihren Bogen und stellte die Füße auf den Boden. Sie rückte nach vorne und setzte sich auf die Kante des Kofferraums.

Die Jagd mit dem Bogen hatte große Vorteile. Sie machte keinen Lärm, das Fleisch wurde nicht mit Blei oder Schrot durchsetzt und bei einem guten Treffer war das Tier sofort tot. Oftmals merkten andere Tiere der Gruppe noch nicht einmal etwas vom Sterben ihres Artgenossen, daher flüchteten sie nicht überstürzt und mieden auch nicht die Gegend, in der gejagt wurde.

Conny wusste nun, welcher Hase sein Leben geben würde, um ihr Überleben zu sichern. Er war ein stattlicher Kerl. Aufmerksam mümmelte er die Gräser in sich hinein. In einer Bewegung drehte er sich nach rechts und Conny sah die weiße Blume. Trotzdem entfernte er sich nicht. Geduld! Irgendwann würde er wieder die Richtung wechseln.

Die Hasen hatten sich über die Lichtung verteilt. Der Rammler drehte sich abermals nach rechts, sodass er zur anderen Seite schaute. Das Dämmerlicht reichte, um das Tier genau ausmachen zu können. Auf etwa fünfzehn Metern war ein Verfehlen fast ausgeschlossen, Conny hatte inzwischen genug Erfahrung. Sie nahm den Bogen, nockte einen Pfeil ein, legte die Finger an die Sehne und wartete. Geduld war immer noch nicht ihre Stärke, aber sie durfte erst schießen, wenn sie ganz sicher war. Der Rammler hatte keine Ahnung, was ihn erwartete. Mit seinen langen Hinterläufen schob er sich ein Stück nach vorne zum nächsten Grasbüschel. Ohne Arg sah er dem Tod ins Auge.

Der Schneeregen ging in Schnee über. Dicke Flocken fielen. Es wurde Zeit, bevor die Sicht zu schlecht wurde. Conny stand auf und war wieder einmal froh über ihre Loden- und Lederkleidung, die keinerlei Geräusch machte. Sie stellte sich in Position, hob den Bogen und zog die Sehne aus. Ihre Zughand ankerte unter dem Kinn, in vielen Tausend Schuss geübt, brauchte die Frau darüber nicht mehr nachdenken. Einen Moment noch, die Beute gewissermaßen gedanklich durchbohrend … dann flog der Pfeil! Der Hase machte einen gewaltigen Satz, völlig geräuschlos, und fiel wieder auf seine vier Pfoten. Nur der Kopf neigte sich zur Seite und die Augen brachen. Conny ließ den Bogen sinken.

Der tote Feldhase lag im Schneematsch. Die Frau wartete. Sie wollte die anderen Hasen nicht vertreiben. Diese Lichtung war als Jagdgebiet viel zu wertvoll, als dass sie es sich erlauben konnte, das Wild zu vergrämen. Die Hasen mümmelten einfach weiter und bewegten sich über die Wiese, die sich im dichten Schneefall weiß färbte. Es wurde endgültig dunkel. Die Jagd war beendet, Zeit zum Entspannen. Nun konnte die Frau das Feuer entzünden. Die Tiere würden sich langsam zurückziehen, dann würde sie den Hasen holen und ihn abbalgen.

Sie deckte die Feuerstelle auf und fertigte mit Feuerstahl, Messer und Zunderschwamm eine Glut, die sie unter das kleine Nest aus Rohrkolbenfasern schob und sanft anblies. Jetzt lag genug Schnee, um die Lichtung im Flammenschein auszuleuchten. Die Hasen richteten sich kurz auf, stellten fest, dass sich das Feuer nicht bewegte, und hoppelten gemächlich aus dem Lichterschein in die Dunkelheit. Nun war der Zeitpunkt gekommen. Conny wollte sich gerade auf den Weg machen, da erkannte sie einen Schatten am Waldrand.

Was war das? Sie verharrte. Ein Luchs? Ein Hund? Auf jeden Fall etwas Größeres. Conny setzte sich wieder auf die Ladefläche, nahm das Fernglas und wartete ab. Das Wesen war stehen geblieben, anscheinend unschlüssig, was es tun sollte. Nach Minuten, die Conny wie Stunden vorkamen, bewegte sich der Umriss auf die Lichtung. Und im Glitzern des Schnees erkannte sie, wer sich vorsichtig heranschlich: ein Wolf!

Ein Wolf – in der Eifel! Sie hatte nicht geglaubt, dass die großen Kaniden es tatsächlich bis hierher schaffen könnten. Aber durch den Zusammenbruch des Autoverkehrs und die Verwilderung der Landschaft waren sie zurück. Vielleicht nicht aus dem Osten, aber aus dem Süden über die Vogesen und Ardennen? Wie schön!

Conny wagte kaum zu atmen. Je weiter er aus dem Wald heraustrat, desto deutlicher konnte sie ihn sehen. Ein Männchen, kaum ausgewachsen, jedenfalls meinte sie das an der schlaksigen Gestalt und dem »jungen« Gesicht zu erkennen. Das dichte Fell graubraun. Die Augen funkelten, wenn der Wolf sichernd in Richtung Feuer schaute.

»Varg«, flüsterte Conny, das schwedische Wort für Wolf. »Varg, du Geschenk!« Sie war ganz gefangen von dem Anblick und wusste zugleich, dass sie dieses Geheimnis für sich behalten würde – ja, musste. Die Zeiten für Beutegreifer waren nicht besser geworden.

Der magere Wolf, vermutlich das erste Mal auf »Alleingang«, hatte sich sorgsam witternd und immer wieder herüberschauend weiter bewegt. Die Nase am Boden, schlich er vorwärts, bis er den toten Hasen fand. Er hob das Tier mit dem Fang auf. Die Beute hing schlaff in seinem Maul und Conny sah den Schaft ihres Pfeils mit der reflektierenden Spitze. Der Pfeil hatte den Körper also fast durchdrungen, nur das Ende mit den Federn steckte noch in dem Hasen. Die Frau hoffte, dass der Wolf sich nicht daran verletzen würde. Der unvermeidliche Verlust des Pfeils ließ sie seufzen. Natürlich könnte sie ihn erschrecken, brauchte nur einmal »Hey!« zu rufen. Sicherlich würde er die Beute sofort fallen lassen und in den Wald verschwinden.

Aber etwas hinderte sie. Der Wolf wollte auch nur essen. Trotz aller Probleme würde sie nicht verhungern. Kartoffeln, Beeren, Pilze, Kräuter, Obst, Brot, Eier, die kleine Hofgemeinschaft hatte zu essen. Nicht im Übermaß, aber es reichte. Vielleicht hatten ja auch die anderen Jäger mehr Glück gehabt. Es wäre nicht der erste Abend, an dem es gegrillte Ratte gab. Zugegeben nicht das, was man sich unter einem klassischen Weihnachtsbraten vorstellte … Der Wolf aber hatte nichts außer dem, was er selbst erbeuten oder eben finden konnte. Conny gönnte ihm das leicht verdiente Abendessen.

Als sie aus ihren Gedanken auftauchte, beobachtete sie, wie er mit dem Hasen in Richtung Wald trabte. Im letzten Licht des Feuerscheins sah sie, wie der Wolf auf den Pfeilschaft trat – und sich der Pfeil aus dem toten Tier löste.

Weihnachten – ein Fest der Hoffnung? Conny wusste, dass sich die Natur immer neu erfinden konnte und nicht auf den Menschen angewiesen war. Den Pfeil nicht verloren und ein satter Wolf. Heute war sie glücklich! Sie ließ das Feuer vollends herunterbrennen, legte den Bogen in den Wagen, schloss die Heckklappe hinter sich und schlüpfte in den alten Schlafsack. Morgen war ein neuer Tag. Die Wolfsbegegnung würde ihr bleiben.

Autoren

Dr. Utz Anhalt (Winterheulen), geb. 1971 in Hannover. Magister Geschichte über den Werwolfmythos, Dr. phil. über Zoos. Dozent und Autor für das Wolf Magazin, Museum aktuell, Expotime, Nautilus, Junge Welt, FAS, Miroque, Karfunkel, Zillo Medieval, Sitz-Platz-Fuß, Sopos, diverse Fernsehdokus über Wolf und Mensch.
www.utzanhalt.de

Cornelia Briesenick (Begegnung), geboren 1954 in Berlin ist Diplombibliothekarin in der Staatsbibliothek zu Berlin. Viele Jahre war sie Hundebesitzerin und hat eine starke Affinität zu Natur, Tieren insbesondere zu Hunden und – nach einem Wolfswochenende bei dem Brandenburger Wolfsbeauftragten Robert Franck – auch zu Wölfen. Hobbys: Hundesitter, Yoga, Singen im Popsongchor Berlin, Lesen, Schreiben von Kurzgeschichten (privat) und Artikeln für Hundezeitschriften.

Kirsten Brox (Wolfsweisheiten) kam über kynologische Fachliteratur zum kreativen Schreiben. Aus dem Gewinn eines Sachbuchpreises finanzierte sie ein Spendenbuch für Krankenhaus Clowns. Sie veröffentlichte Kurzgeschichten in unterschiedlichsten Anthologien, vorwiegend in allerlei Bereichen der Phantastik. Im März 2015 erschien ihr Debütroman Matamba, ein Steampunk-Abenteuer in Afrika.
www.kirsten-brox.de

Tanya Carpenter (Der Weihnachtswolf)
Die vielseitige Autorin veröffentlicht seit 2007 Romane und Kurzgeschichten in den Genre Dark Fantasy Romance, Romantic Suspense, Krimi, Romance, Steampunk, (Dark) Fantasy, Kinderbuch und Erotik. Außerdem hat sie einen Ratgeber über Hundefütterung herausgebracht. Für die nächsten Jahre sind überwiegend Romane im Bereich Frauenliteratur und Dark Romance geplant.
Tanya Carpenter arbeitet hauptberuflich als Chef-Assistentin im Vertrieb eines großen Industrieunternehmens, genießt ihre Freizeit am liebsten mit Hund und Pferd in freier Natur und ist nebenbei als Lektorin im Teutonic Text Team tätig.
www.tanyacarpenter.de

Claudia Hornung (Kajas Wolf), geb. 1968 in Stuttgart, hat Soziologie und Pädagogik studiert und arbeitet seit 2010 als freie Autorin. Mit ihrer Familie lebt sie in der Nähe von Leipzig, wo inzwischen auch wieder ein Wolf gesichtet wurde (leider nicht von ihr). Neben Texten für Kinder schreibt sie am liebsten Phantastik, sowie unter mehreren Pseudonymen Lovestorys und Kurzkrimis für Zeitschriften. www.claudiahornung.de

Hans-Jürgen Mülln (Familienbande), Jahrgang 1955, derzeit in Wetzlar lebend, ist seit 25 Jahren als PR-Journalist, Werbetexter und seit 2006 auch als freier Autor tätig. Sein besonderes Steckenpferd: Deutsche Doggen und das Wolfsverhalten. Nach der Veröffentlichung von ersten Fabeln und Kurzgeschichten erschien 2011 die erste größere Arbeit: die Hundebiografie »Die schwarze Dogge Emma«. Derzeit arbeitet er an einem umfangreichen erzählerischen Essay über die SS-Vergangenheit seines Vaters.
Der Geschichte »Familienbande« liegt eine reale Beobachtung zugrunde, die Günther Bloch während seiner Freilandforschungen in Kanada machte und in dem gemeinsam mit Karin Bloch herausgegebenen Buch »Timberwolf Yukon & Co. Elf Jahre Verhaltensbeobachtungen an Wölfen in freier Wildbahn« (Kynos 2002) festgehalten hat. Der Autor schrieb die Geschichte in Erinnerung an seine viel zu früh verstorbene Doggen-Hündin Runa

Claudia Overbeck (Wanderer) lebt mit ihren beiden Kindern in einem Dorf zwischen Hamburg und Lüneburg. Schon immer eine leidenschaftliche Leserin, war es nur eine Frage der Zeit, bis sie sich auf der »anderen Seite« wiederfinden würde. Seit 2009 taucht sie nicht mehr nur in fremde Welten ein, sondern lässt auch eigene entstehen. Teilnahme an Online-Kursen, Schreibwettbewerben sowie Ausschreibungen für Anthologien. Mitglied des Autorenforums rindlerwahn.de.

Andrea C. Schäfer (Der Winterwolf), 1962 geboren, ist Tierpsychologin, Fachautorin und Dozentin, speziell im Themengebiet »Katze«. Besonders interessiert ist sie an der vergleichenden Verhaltensforschung der Wild- und Haustierformen von Kaniden und Feliden. Sie lebt mit ihren Katzen im Rheinland und geht regelmäßig ihrer Leidenschaft, dem Bogenschießen, nach. www.tierpsychologie-schaefer.de
In ihrer Geschichte »Der Winterwolf« beschreibt die Autorin eine Jagd mit Pfeil und Bogen. Diese Beschreibung ist rein fiktiv. Die Bogenjagd ist in den deutschsprachigen Ländern nicht erlaubt.

Dr. Birgit Schmidt (Bruder Wolf), Jahrgang 1964, ist hauptberuflich Gynäkologin. Ihre Leidenschaften sind Ölmalerei, Fotografie und Schreiben. Bilder von ihr wurden u.a. in Berlin und Bochum ausgestellt. Ihre Fotografien zeigen Landschaften, Tiere, Pflanzen. Sie verfasst Gedichte, Kurzgeschichten und Filmdrehbücher.
www.birgitschmidt.jimdo.com

Silvana E. Schneider (Canis lupus kafkaesk) ist in Süddeutschland geboren und lebt in Germering (nahe München). Sie schreibt – seit einem journalistischen Fernstudium (Abschluss mit Förderpreis) und der Arbeit als Fachjournalistin – überwiegend gesellschafts- und sozialkritische Prosa und Lyrik. Alle Infos zu ihren Publikationen finden Sie unter: www.silvanaschneider.de.tl

Dr. rer. nat. Henrike Staudte (Der Mondpfad), Jahrgang 1976, ist Ernährungswissenschaftlerin. Schon immer schrieb sie nebenberuflich, zunächst Fachartikel zum Thema Ernährung und Zahngesundheit, später aber auch Beiträge für Naturzeitschriften. Anfang 2015 entdeckte

sie die Kurzgeschichte für sich und reichte verschiedene Texte bei Ausschreibungen und Literaturwettbewerben ein. In den Geschichten verarbeitet sie autobiografische Begebenheiten. Sie lebt im Allgäu, widmet sich ausschließlich dem Schreiben und arbeitet an ihrem ersten Roman.
www.einfach-ernähren.de

Dr. Anton Vogel (Wolfsmädchen). Geboren 1973, Studium der Ethnologie, Mediävistik und vergleichenden Religionswissenschaft in München sowie Frankfurt am Main. Lebt und arbeitet in München. Seit 2012 Veröffentlichungen in verschiedenen Anthologien.
www.gebaeudebrueter.de

Andrea Weil (Sonnenwendgeschenk) arbeitet als freie Journalistin, Lektorin und Autorin in Schwedt an der Oder. Außerdem hält sie als Umweltpädagogin Vorträge an Schulen; ihr Schwerpunkt sind dabei die Wölfe. Seit 1997 schreibt sie regelmäßig für das Wolf Magazin.
www.weil-andrea.de

Manu Wirtz (Eifelwolf) ist Jahrgang 1959 und gebürtige Solingerin. Nach einer Lehre absolvierte sie an der Bergischen Universität Wuppertal ein Studium zur Kommunikationsdesignerin.
Seit Jahren arbeitet sie als freiberufliche Grafikdesignerin für Buchverlage und in der Werbung. Daneben ist sie Autorin von Katzenkrimis, Kurzgeschichten und Sachbüchern.
Die Autorin ist Mitglied bei: Mörderischen Schwestern, Literaturwerk Rheinland-Pfalz-Saar, LIT.Eifel und Selfpublisher Verband
www.katzenkrimi.com und www.manuwirtz.de

Elli H. Radinger

Die ehemalige Rechtsanwältin lebt als Autorin mit Schwerpunkt Wolf, Hund, Natur und Wildnis in Deutschland und den USA und schreibt neben Fachbüchern über ihr Lieblingsthema auch literarische Sachbücher und Romane.

Einen großen Teil ihrer Zeit verbringt die Wolfsexpertin im amerikanischen Yellowstone-Nationalpark, wo sie seit über zwei Jahrzehnten wilde Wölfe beobachtet. Wolfsfreunde haben die Gelegenheit, Elli Radinger als Guide in Yellowstone zu buchen. Sie ist der Überzeugung: »Wir Menschen können viel von wilden Wölfen lernen.«

Als Herausgeberin des Wolf Magazins berichtet und informiert sie regelmäßig über spannende Ereignisse aus der Welt der Wölfe.

Webseiten der Autorin
Autorenseite mit Wolfs- und Hundebüchern:
http://www.elli-radinger.de
Autorenblog: http://elli-radinger.blogspot.com
Google+: http://plus.google.com/+ElliHRadinger
YouTube: http://youtube.com/user/elliradinger

Wolf Magazin

Das Wolf Magazin ist seit 1991 das einzige deutschsprachige Fachmagazin zum Thema Wolf. Es erscheint einmal jährlich als Buch. In jeder Ausgabe findet der Leser interessante Reportagen, Fachartikel, Reiseberichte, Nachrichten und Informationen, literarische Beiträge und zahlreiche Buchtipps zum Thema Wolf & Co.

Wolf Magazin mit Newsletter Wolf & Co: http://www.wolfmagazin.de
Wolfsblog mit tagesaktuellen Meldungen:
http://wolfmagazin-blogspot.de

Wolfsreisen

Seit 1995 beobachtet die Autorin als unabhängige Wolfsforscherin wilde Wölfe im amerikanischen Yellowstone-Nationalpark. Interessierte können Elli Radinger in Yellowstone als Guide buchen.

Wolfsreisen und Beoabachtungen: http://www.yellowstone-wolf.de
Wolfsblog zu den Yellowstone-Wölfen:
http://yellowstone-wolf.blogspot.com